張志誠 ✕ 邱綺瑩 Jessies 著

韓國批貨
賺到翻

韓國批貨賺到翻

5

7

8

台灣 創業者的另一個批貨聖地

邱綺瑩（Jessies）、張志訂

　　對台灣的微型或中小型創業者來說，尋找適合自我定位的貨源永遠是首要任務之一，我們在2008年初出版《2萬元有找！中國批貨》之後，證明創業市場上，確實有許多創業者需要各種貨源的情報，畢竟掌握更多的貨源資訊，才能讓自己的商品不斷推陳出新，否則這個月架上的商品和上個月大同小異，再忠實的顧客都會離你而去。

　　歷經不斷的現場勘查與實地操作後，我們發現韓國的首爾，會成為日本東京、中國廣東與浙江之外，另一個台灣創業者的批貨聖地。

　　韓圜的貶值並不是首爾近幾年成為東北亞流行批發中心的主要原因，我們都很清楚，過去10年韓國政府在推動文化創意產業的成效非常大，透過戲劇外銷的包裝，將韓國最新的3C產品、流行服飾及各類精品推向亞洲各國，當然台灣也不例外。

　　韓國是個很有意思的國家，它和日本近在咫尺，卻因歷史因素致力發展自己獨特的流行文化，不讓日本東京專美於前。現在台灣消費者

己已接受隨著韓劇帶來的新韓風，這也使得首爾成為許多年輕創業者

想離開台灣批發商場往國外發展的選擇之一。

　　雖然到首爾批貨能夠拿到最新款的韓風商品，不過，以過來人的經

驗，我們還是得提醒讀者，到首爾批貨該有的心理準備。

　　首先，要有充足的體力！也就是3天平均睡不到12小時的心理準備。

到首爾批貨，如果要省成本，3天算是較佳的批貨行程，不過，首爾批

發商場的營業時間和中國、日本不同，如果說到中國批貨是「公務員

型」（日出批貨，日落休息），到首爾批貨就是「舞小姐型」（從晚

上9點一直批到隔天凌晨4、5點），白天還要到明洞等其他地區考察最

新韓國流行趨勢，因此，很多批貨客跑了一次首爾批貨行程後，就視

之為畏途，因為真的太累了。

　　在國際貨運方面，到首爾批貨後接續的國際貨運也不像在廣東有

一條龍的貨運服務，而且韓國貨運公司還不負責貨品的打包，批貨客

還得自己找包裝行幫忙打包，紙箱價格又貴，有時候為了降低貨運成本，批貨客還得自己從台灣帶紙箱飛去首爾。

因此，我們盡可能替讀者找到在首爾當地能夠協助讀者，將無法自行帶回台灣的貨品，以最方便的方式運回台灣，解決各種到首爾批貨的困難。

到首爾批貨，語言真的不是太大的問題，重要的是事前做好批貨的準備工作，即使將來不見得以首爾批發商場為主要的貨源，以3天的時間跑一趟首爾當地的批發商場，相信對大家日後事業的發展，會有極大的幫助。

流行首爾

首爾——亞洲流行之都

創業！創業！台灣人愛創業是出了名的，不過也因為大家瘋創業，所以想要找到獨特的商品就變得不容易了。

對中小型及微型創業者來說，如果想擺脫台灣本地貨源，尋找貨源還是以亞洲為主。因為距離較近，如果以日本和韓國來看，我們覺得韓國是一個值得開發貨源的新市場。

像韓國的彩妝保養品牌早已攻占台灣年輕美眉的包包，而且和日本相比，日本的時尚比較像只能走在伸展台上的商品，而韓國的流行時尚其實比較貼近

首爾東大門越晚越熱鬧，可說是個不夜城

台灣年輕男女的日常風格。事實上，韓國的時尚定位剛好介於台灣與日本之間，韓國的流行時尚自有其淵源，由於歷史因素，韓國的時尚並不是全跟著日本走，反而融合了歐美及韓國自身的傳統文化，這也讓韓國流行時尚發展出有著不同於台、日的另一種簡約風格。

　　首爾之所以也能成為亞洲重要的批發中心，原因是韓國的人口足以撐起一個夠具國際規模的市場，因此世界各國的流行服飾品牌快速進駐韓國，包括一些台灣市場無法吸引進駐的平價時尚品牌也已進軍韓國，像美國的GAP、加拿大的ROOT、西班牙的ZARA、日本的UNIQLO則是到2010年下半年才進駐台灣，這些都是刺激韓國時裝成衣業跟上國際流行設計腳步的原因。

明洞是韓國流行時尚的聖地，韓國最時尚的年輕人都在此出沒

韓國彩妝保養品早已走出韓國，成為亞洲品牌

此外，對台灣的創業者來說，現在匯率實在太有利了，像這一年韓圜變得非常弱勢，從新台幣兌韓圜的1：28，一直跌到2009年的1：40，2010年也在1：38上下，使得這幾年去首爾批貨真能批到價廉物美的商品喔。

日本品牌UNIQLO在明洞也有旗艦店

許多韓國品牌商都在大陸設廠或OEM，這也是為什麼在廣東的廣州及虎門可以看到許多韓風服飾，只不過有些大陸廠商快速模仿服裝風格之餘，卻也用了較低廉的材料。反觀首爾自九〇年代開始就清楚地將自己定位為歐美進入中國的門戶，大舉改善仁川國際機場並開通首爾與中國各個重要城市的航線。這個重要決策使得韓國成為中國開放後受惠最大的鄰國，現在包括歐洲、美國、日本、東南亞、俄羅斯、中東、東歐、非洲、中南美等國的批貨商都把首爾視為另一個批貨聖地。

首爾的東大門和廣東的虎門、廣州很相似，之所以能成為重要的批貨中心，都來自於快速的設計生產速度，以及完備的周邊配套設施。東大門一樣也有布料、輔料供應商與成衣工廠，即使是OEM給廣東的成衣廠，在面輔料的要求

近兩年韓圓的弱勢，讓台灣的創業者到韓國批貨變得有利可圖

各批貨區比較表

台灣批貨市場比較			
	台北五分埔	台中天津街	高雄長明街 安寧街
批發商品	日、韓、中流行男女服裝	韓貨及港貨之男裝、女裝、童裝、飾品、包包、鞋子	男裝、淑女裝、童裝、嘻哈風、皮包、鞋子
批貨條件	新手大多拿10件以上不分款即有批貨價	新手大多拿10件以上不分款即有批貨價	新手大多拿10件以上不分款即有批貨價
商品風格	台灣最引領流行的服飾集中區	款式中庸，也有少數當地廠商自行打版生產	款式走通俗路線，多台風

擁有完整的產業鏈，是東大門能成為東北亞批發中心的主因之一

也讓首爾的服飾品質比起廣東當地仿製品要來得高。加上大量年輕服裝設計師投入流行服飾產業，使得巴黎、米蘭最新樣式的服飾皮件很快就出現在首爾的明洞與東大門，這也是首爾流行時尚批發產業不同於虎門、廣州低成本同業，同樣也具競爭力的原因。

如果想要在Ｍ型化消費市場中，尋找另一個跟得上國際時尚風潮、產品品質夠好、對台灣消費者具吸引力、成本可接受的貨源地，那麼我們建議您一定要跑一趟韓國首爾，體驗亞洲時尚批發中心的魅力。

亞洲批貨市場比較

	中國廣東	中國浙江	日本東京	韓國首爾
批貨重點區域	廣州、東莞虎門、深圳	義烏	新宿、淺草橋、吉祥寺、自由之丘	東大門二區、南大門
批發商品	服裝、包包、鞋子、飾品	小商品、飾品	服裝、精品、生活用品	服裝、飾品、鞋子、生活用品、特產
批貨條件	現金交易	現金交易	大多數商家只收現金，僅少數商家願收信用卡	現金交易
特色	離台灣較近，是各類商品生產重鎮，批貨條件降低，產品價格低，商品品質高中低皆有，需細心挑貨	兩岸直航後，交通較為便利，亞洲最低價之小商品批發中心，批貨數量門檻較高，商品品質不一，需細心挑貨	日幣相對強勢，而且多數批發商場需申請批卡才能入內批貨	商品風格與台灣消費者較接近，加上韓圓弱勢，值得前往批貨

Korea

你該認識的 韓國與首爾

首爾批貨
賺到翻

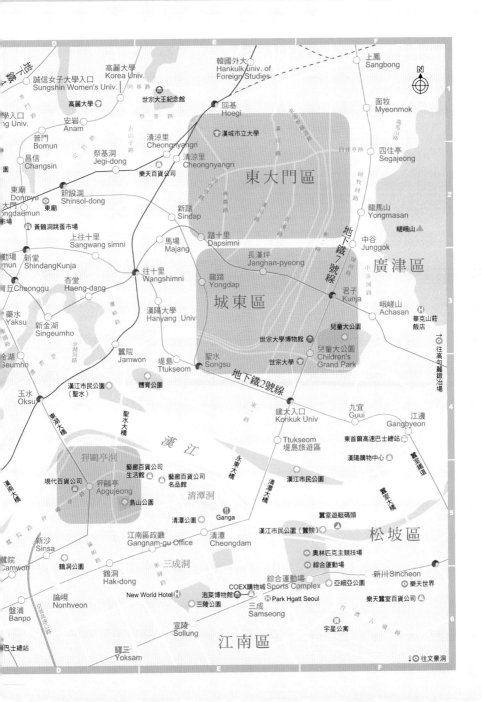

地理與氣候

　　韓國的地理位置在亞太經貿圈中得天獨厚，當然這也是在中國開放崛起之後，韓國的獨特地理位置才真正被突顯出來。

　　從地理上來看，韓國從1953年韓戰停戰之後以北緯38度線與北韓劃定楚河漢界，它的東邊與日本隔著日本海，西邊則是隔著黃海與中國相望，聽說在韓國的西南海岸小島最近處甚至可以直接目視中國山東省海岸。

　　韓國有多大？這樣說好了，韓國面積約9,900平方公里，大約是台灣

雅虎奇摩國際氣象之首爾天氣
網址
http://tw.weather.yahoo.com/
world_single.html?city=13701

的3倍大，人口約5,000萬人，是台灣的2倍多。因為南北較東西長，加上緯度較高，冬季時中北部的韓國會下雪，因此韓國人的生活、飲食、休閒娛樂、運動、服飾，都和亞熱帶的台灣人不同。

　　韓國屬於大陸型氣候，明顯較乾燥，每年的7、8月是雨季，如果是暑假期間要過去批貨的話，記得還是帶把傘。至於冬天氣溫常常在0度以下，但飯店內都會有暖氣空調，對習慣較潮溼海島型氣候的台灣人來說，這時候反而要注意皮膚的保濕，所以要記得買瓶裝水回飯店。

　　我們也建議出發前最好上網查看首爾當地未來幾天的氣候，這樣才不會帶錯衣服。

首爾觀光景點之一的清溪川

樂天世界是許多韓劇取景的熱門景點

時差與航程

韓國和日本一樣,位於經度135度線區,時區比格林威治標準時間要快9小時,比台灣快1小時,也就是說,如果台灣是中午12點,韓國就是下午1點。

至於從台灣飛往首爾,飛行時間和到東京差不多,都是2.5～3小時之間。如果單純到首爾批貨的話,通常還是搭下午的航班比較便宜。

電壓

韓國的電壓和台灣不同,是220伏特,和中國大陸、日本的電壓一樣,插座都是兩孔圓型插頭。現在大多數的電器或3C產品的變壓器都是全球通用的110～220伏特,所以比較麻煩的是得在台灣先買轉接插頭帶過去,這種轉接插頭到五金行或大賣場問一下,通常都可買到。

首爾地理

拜韓劇之賜,現在的韓國也是台灣觀光團常拜訪的熱門景點。不過,大多數人除了濟州島之外,最常去的韓國景點還是以首都首爾為主。

首爾位在整個朝鮮半島的中部，其實距離38度線並不遠。自明清以來，大家一直都習慣以「漢城」稱呼，一直到2005年，當時的漢城市長李明博（現在的韓國大統領），才宣布將漢城改名為首爾。

首爾有漢江流經，而江北還有一座南山，早期的城市發展在江北與南山之間，隨著經濟發展與城市規劃，才逐漸朝南山之北與漢江之南發展，這也是因此我們在韓劇中常聽到主角要去江南，指的就是漢江以南的新市區。不過，現在江北的商業區，包括明洞、東大門、南大門等都集中在南山以北。

對於第一次要到首爾批貨的人，最大的問題是對地理環境不熟，以及完全看不懂韓文。因此，我們特別把首爾的幾個與流行時尚相關的行政區列出來，江北區域包括：（1）明洞（2）東大門（3）南大門（4）梨泰院（5）仁寺洞（6）新村梨大。江南區域則包括：（1）狎鷗亭（2）三成及（3）蠶室。

仁寺洞是首爾年輕人非常喜歡去殺時間的地方

這種傳統韓國的遊街表演，只有在首爾才看得到

明洞，就像是台北東區和西門町的混合體

如果沒去過首爾，恐怕會對韓慮裡演員接電話時常說：「這裡是XX洞」有聽沒有懂，更別提首爾的行政區或地理位置了。因此我們在這裡把幾個首爾的重要地標和台北的地標相比對，像是去首爾批貨，至少要對最重要的明洞、東大門、南大門有基本認識。

簡單來說，明洞就像是台北的東區

江南算是首爾新開發的都區，這樣清靜的
環境令人心曠神怡

和西門町的混合體，東大門等同台北的五分埔，只是面積比五分埔要大上十幾倍；至於南大門則是有批發功能的傳統市場。除此之外，像梨泰院則是包括美國人在內的外國人最早在首爾落腳的地方，所以梨泰院也等於是台北的天母。另外像台灣人常去觀光的新村梨大，這裡因為是梨花大學及延世大學等學區，所以非常有台大旁邊的公館商圈和師大夜市那種感覺。

另外，江南的狎鷗亭洞則是新開發的名店區。從狎鷗亭有條和美國好萊塢的名店街Rodeo Drive同名的街道就可得知，這裡都是世界名牌的高級商品集中區，當然是沒有人會去那裡批貨的。如果批貨行程之餘有空的話就去逛逛，看看這裡的櫥窗展示，倒是不錯的體驗喔。

首爾確實有許多台灣沒看過的商品，值得引進

韓國貨幣與物價

　　韓國的貨幣叫韓圜，韓圜有紙鈔與硬幣兩種，紙鈔的金額分成1萬、5千及1千韓圜紙鈔，硬幣則分成5百、1百、50及10元硬幣。

　　簡單來說，韓國物價比台灣要貴，由於最近韓圜大跌，從過去平均新台幣兌韓圜1：28，跌到最近的1：38，等於韓圜兌新台幣貶值將近38％！多可怕的跌幅，但對去首爾批貨的創業者來說卻是大利多。

　　至於物價方面，如果以還是1：28的時候來看，韓國物價真的很貴，現在貶到1：38上下，感覺便宜些，不過有些東西還是比台灣要貴一些。

1. 韓國人很愛吃烤肉
2. 韓國菜也很多樣化

首爾路邊常見的小吃攤，最前面的就是辣炒年糕

首爾小吃最划算

　　像是在東大門吃一份辣炒年糕，平均3千韓圜，等於新台幣79元，雞肉串1千5百韓圜，東大門路邊攤的草莓一盒3千韓圜，還有首爾特產的香蕉牛奶一瓶也要1千韓圜，一瓶500cc的瓶裝水大概要750韓圜。

　　這些商品價錢聽起來好像不貴，但有時候去一些韓式烤肉餐廳吃中餐，兩個人可能就要吃掉新台幣1千2百元，比起台灣又貴上好多。所以說韓國物價便宜與否，這可能就要因人而異了。

首爾到處可見的燒肉店

　　基本上，到首爾批貨如果規劃3天的行程，食衣住行中，花錢的還是以吃飯、交通、住宿為主。以吃的方面來看，如果想吃好一點的話，最高級的全餐，包括人蔘雞、石鍋、豆腐鍋和二十幾碟小菜，這樣一餐大概要2萬韓圜。如果想吃便宜點，像定食之類的，也要1萬韓圜。另外像韓國人最愛的烤五花肉，一人基本消費額也要1萬5千韓圜以上。至於路邊攤常吃到的辣炒年糕，一份大約要2千到3千韓圜；另外像小餐館的炸醬麵，

豐富的全餐，價格當然貴些

一碗也要3千到5千韓圜不等，由於韓圜大跌，如果不吃大餐的話，小吃的價格和台灣比起來應該沒有貴太多了。

以下是在韓國常見的食物（或食品）的單價，當然只是概略的數字，應該不會差太多。

◎ 礦泉水（500ml）：600～1,000韓圜
◎ 辛拉麵（台灣大賣場常見的韓國麵）：800～1,600韓圜
◎ Pizza（大號）：9,000～14,000韓圜
◎ 一般軟性飲料：800韓圜
◎ 熱狗麵包：2,500韓圜
◎ 水蜜桃（1顆）：2,500韓圜
◎ 馬鈴薯（1份）：2,000韓圜

1. 首爾的茶飲料價格約1,200韓圜
2. 韓國可樂等飲料比台灣的小罐，價格約900韓圜
3. 韓國礦泉水一罐750韓圜
4. 杯麵800韓圜
5. 草莓優酪很好喝，大罐的要1,900韓圜

首爾搭計程車比台北稍貴

　　至於交通方面，首爾市區的交通不外乎捷運、公車與計程車。其中，計程車還分成黑色的模範計程車，和灰色的一般計程車。顏色不同，價格也不同，模範計程車的起跳價是前3公里4,500韓圜，每164公尺或39秒就增加200韓圜；一般計程車的起跳價則是前2公里1,900韓圜，每144公尺或35秒就增加100韓圜。算起來，比台灣的計程車費要貴，但並沒有貴太多，所以，在首爾批貨，可善加運用捷運與計程車，畢竟批貨多半晝伏夜出，沒有地鐵時，搭計程車也很方便。

韓國計程車車費比台北貴些，但還在可接受範圍內

韓國計程車內部和台灣差不多

❸

所以說，去首爾批貨，最好的方法還是搭捷運。首爾有8條捷運線，票價也是依遠近距離計算，如果站與站之間距離在12公里內，第一段的啟程費用是900韓圜，約新台幣27元，所以是很便宜的大眾交通工具。想省錢的話，最好住在離捷運站近一點的地方，這樣去批貨的話，就能省下不少交通費了。

. 首爾地鐵也和台北捷運一樣，乾淨迅速
. 寬敞的首爾地鐵候車區。
. 機場快線車廂有LED站次表，首爾地鐵則無，下車時要注意，以免下錯站。

首爾地鐵四通八達，主要的批貨地點都有地鐵到達

住宿選擇多

　　去首爾批貨，在住的方面，還是以住飯店、旅館居多。除此之外，如果還想看看正港韓國人是怎樣過日子的，也可以選擇住民宿。當然囉，星級飯店的單價都不便宜，從三星級的6萬到10萬韓圜開始，到最頂級的住一晚就要30萬韓圜以上。

　　因為主要是來批貨，所以食宿交通的費用都算在批貨成本內，所以說囉，能省就省，住三星級的飯店也就可以了；如果還想壓低住宿成本的話，首爾市區還有很多小旅館，價格多半在5萬韓圜以下，安全性也都不錯，對於想住得安心，又不是很挑剔住宿環境的批貨客來說，是可以省下不少住宿費的。

在首爾臨時要找地方住宿也不是太大的問題，明洞地區也有供住宿的飯店

高爺商務公寓酒店乙支路分館外觀，一點都沒有因房價合宜而有一點廉價感

台灣3G手機韓國暢行無阻

現在手機有分2G及3G兩種系統，去過韓國的人都知道，台灣的2G手機在韓國是不能使用的喔，因為台灣的2G行動電話用的是GSM系統，韓國則是CDMA系統。不過3G手機就沒有這個問題了，可直接帶到韓國；但如果台灣的2G用戶想要在韓國打電話，只有兩個辦法：

1）在仁川國際機場租韓國手機
2）利用當地公用電話

中華電信和台灣大哥大都有和韓國的KTF、SK電信公司合作，如果帶自己的手機SIM卡過去，好處是可用與台灣的同一門號，就不用告訴親朋好友或同事在韓國停留時租用的臨時電話號碼，這種做法每天的租金是1,300韓圜，用手機撥打當地電話號碼，每10秒600韓圜，撥回台灣就算國際漫遊，中華電信或台灣大哥大的收費費率，每分鐘約新台幣30～50元。

台灣旅客可以直接在仁川
國際機場租一支臨時手機

手機出租櫃檯是韓國的SK telecom，
租手機流程很方便，不用擔心

當然也可以直接租用當地手機和門號，如果事先在韓國觀光公社網站預約申請的話，每天的手機與門號租借費是2,000韓圜；如果沒有預約，直接在仁川機場一樓櫃檯租手機與門號的話，每天則要3,000韓圜，費用差了50%呢。

如果要打當地公用電話，可以直接用T-Money或在首爾的便利商店購買電話預付卡。不過，韓國的公用電話中，綠色機身的是用硬幣，灰色的則有用電話卡、或是可用信用卡及硬幣，以及硬幣用的三種，其實都不難辨認，而且這些公用電話都可以打國際電話回台灣。

韓國有好幾種公用電話機，有投幣的，也有用卡片的，這裡有用T-Money就能打電話的公用電話

首爾批貨

事前準備

首爾批貨事前準備

　　雖然現在韓圜大跌，不過做生意嘛，去首爾批貨也不必逗留太久，依照經驗，3天應該是夠了，只不過這3天會很辛苦，而且首爾的批發商場都是晚上才開放給批貨客。因此想去首爾批貨，要有兩天得批到早上才回飯店睡覺的心理準備。

　　去韓國批貨，語言不通是問題之一，不過問題還不算大，因為首爾好歹也是國際都市，除非要離開首爾，否則簡單的英語是可以溝通的。

　　但在出發去首爾批貨前，最好先做足功課，熟知台灣韓流服飾的終端售價，這樣到首爾的商場後，才有個估價依據。要去哪裡逛市場呢？在台灣要看韓流服飾的最好地方還是以台北五分埔為最佳地點。其中，如果去五分埔的話，記得要去台北松山路119巷1弄的「特色韓國街」、松山路119巷的「港韓風格街」，以及永吉路433巷的「港韓流行街」考察，才能看到最新的韓流服飾喔。

　　去首爾批貨，和去廣東批貨最大的差別是「氣候」。廣東和台灣的氣溫相差無幾，有時候即使是11月去虎門、深圳或廣州，一樣只要穿件短袖就可以應付，不過同樣是11月去首爾，一定要帶保暖外套去，否則一定會讓你凍得皮挫！至於其他的行李則和去別的地方批貨差不多。

　　但我們還是建議除了該準備的東西之外，最好不要多帶太多行李，以便有多餘的空間帶商品回來，這樣也可省下不少貨運費用，所以最好帶些用完即丟的隨身物品。

　　我們的建議是，最好把內衣褲、個人保養用品、藥品、充電器等生活所需行李都集中在可攜帶上機艙的隨身行李箱中，然後可承重23公斤的托運大行李箱則空箱帶過去，至於證件、相機、文具等需要隨身攜帶的用品則放在隨身攜帶的包包內。

　　另外，女生如果要帶保養品出門，根據航空法規定，液態物品只要超過100ml，就不能放隨身行李帶上飛機（但可以放在託運行李箱），最好的辦法就是花小錢買小圓盒或小罐子，這些用來裝乳液、精華液、化妝水等保養品最實用了，既輕鬆又方便。

　　現在，我們就來看看怎樣依季節帶服裝去首爾。

　　首爾的夏天，平均溫度在攝氏25-30度，前面有提過，每年的7、8月是雨季，如果是暑假期間要過去批貨的話，記得還是帶把傘。春天和秋天比較乾燥，早晚溫差大，白天偶爾還可穿短袖，但到晚上就得穿個薄夾克或外套，要不穿件長袖襯衫也應付得過去。

　　冬天就比台灣要冷很多，記得一定要帶外套、圍巾、手套和帽子等禦寒裝備。至於穿著，相信大家都很清楚「洋蔥式」穿法（底層透氣、中層保暖、外層防風的多層次穿著），因為首爾的飯店、餐廳等公共場所都會開空調，室內溫度平均22～23度。這樣的穿著方式應該很適合冬天去首爾批貨。

批貨所需配備

好穿的鞋

批貨和旅遊一樣，難免都要拚命走路，所以最好穿一雙自己很習慣的鞋子，這樣幾天下來雙腳才不會起泡。

信用卡

VISA、MASTER、AMERICAN EXPRESS和JCB這些台灣常用的信用卡，在首爾自然也是通行無阻。通常飯店都可以刷信用卡，至於餐廳則看情況，大部分的餐廳是可以刷卡的，不過如果去小餐廳，最好還是多帶些韓圜比較好。對了，切記，在海外刷台灣發卡的信用卡，發卡銀行會酌收1.1％的國際匯率手續費。

另外，批發商場是不收信用卡的，一定要用現金交易喔。

提款卡

提款卡的好處是萬一到了首爾後，發現兌換的韓圜不夠批貨的話，還可以臨時在首爾的ＡＴＭ提款應急，只要你的提款卡上有PLUS或CIRCUS標誌就沒問題，不過前提是你的銀行帳戶必須有存款喔。

布尺

布尺方便我們在批貨服飾時可準確測量衣服、褲子的尺寸，如果手邊沒有裁縫師的專業布尺，那種可自動回收的伸縮尺也不錯用。

計算機

小型計算機有助於在批貨現場計算匯率與成本。

A4信封袋

出國批貨會有各種帳單，這些都是批貨成本，自然需要仔細計算，這時候，如果有個信封袋，批貨幾天的所有開銷的收據就直接丟進信封袋裡，等回到台灣時就很容易整理帳單，方便計算所有的成本。

數位相機

在首爾批貨時，如果已經下單了，通常店家都不會阻止你拍照存檔，不過切記閃光燈最好設成「強制關閉」，這樣才不會引起整個賣場的注意。

筆記本

筆記本的用途很多，像是可隨時記下買了哪些商品，或是想到的任何事情之外，也可以記下沒有帳單的各種開銷。筆記本不用太大，B5 Size的一半大小即可，還有記得要帶筆，方便在飛機上事先填寫入出境單。

護照及機票影本

現在去韓國不需要簽證，真的方便多了，不過出門在外，萬一證件丟了，那可不好玩。很多人都想倒楣是不會發生在自己身上，不過不怕一萬只怕萬一，如果護照或機票掉了，手上有影本，至少還比較容易取得臨時證件。除此之外，最好先找找看手上還有沒有兩吋半的大頭照，有的話就順便放在信封袋裡。

簡單的藥品

出門在外最怕一些小病小痛，所以說呢，最好帶些應急的藥品，萬金油、綠油精之外，韓國的食物偏辣，如果怕連吃幾天的泡菜受不了，健胃散、征露丸，或是自己習慣的藥品就順手帶些。

牙刷、牙膏、洗髮精

首爾有很多飯店都沒有提供牙刷、牙膏、洗髮精，說這樣是「愛地球」，所以這些東西最好自己準備。

怎樣換韓圜？

　　貨幣兌換永遠是最煩人的
事，到首爾批貨，手上一定需要有韓
圜。要兌換韓圜，不是在台灣用新台幣直
接兌韓圜，應該先將新台幣換美元，到首爾再用美
元兌換韓圜。

　　在首爾換韓圜的好處之一是不會換到假鈔。一般來說，有經驗的人不會到
銀行換韓圜，原因是兌換的匯率較差，所以大多數的外國人都是到兩替店或其
民間換錢所去換。

在台灣想要換韓圜，一些銀行都
有外幣兌換服務，所以換錢並不是問
題，反而是匯率不見得很好。因此建
議先在台灣換美元，到首爾再換韓
圜，流程是：（1）先在台灣的銀行
或銀樓換美元；（2）到仁川國際機
場時先換一部分韓圜，只要夠用第一
天吃、住、交通及批貨的錢即可；
（3）第二天以後的開銷可在明洞、
東大門及南大門的民間換錢所（兩替
店）兌換韓圜。

1. 首爾街頭的換錢所
2. 仁川機場換錢兩替店

　　在南大門的馬路上就有很多的阿珠媽，就是我們台灣人的「歐巴桑」，擺一張桌子，露天就做起兌換貨幣的生意，這些是合法的，只是在露天的馬路上公開拿美元換韓圜時要緊記財不露白原則。

　　請注意，如果帶進韓國的美元不超過1萬美元，是不用填申報單，當然如果超過1萬美元的話，切記一定要申報，否則一旦被查到，那可就得不償失了。

東大門街頭提供韓圜兌換服務的阿珠媽

好用的韓國參考網站

韓國觀光公社網站：
big5.chinese.tour2korea.com/

首爾市政府網站：
tchinese.seoul.go.kr

中華民國駐韓國代表處的急難救助電話
駐韓國臺北代表部 Taipei Mission in Korea
韓國首爾市鍾路區世宗路211番地光化門大廈六樓
急難救助專線電話：(82-2) 3992767~68
急難救助行動電話：82-11-90802761
韓國境內直撥：011-90802761（如撥不通，請改撥011-2693796）
如果遇到護照、機票遭竊，或人身安全問題，都可撥打以上電話，尋求協助。

另一支非常重要的電話02-133
韓國還有另一個由韓國觀光公社監督的02-1330電話，這個電話24小時都有中文、英文、日文的服務人員，如果出事也可以打這支電話尋求幫助。

首爾批貨

預算篇

交通、住宿、飲食、預備金

　　去首爾批貨和去廣東批貨有點不一樣，首爾的批貨地點比較集中，而且最大的差別是東大門都營業到凌晨，批貨客在時間上比較集中，來回只要3天就可以批完一次的貨。接下來，我們以到首爾批貨3天的行程，來檢視交通、住宿、飲食及預備金的預算。

到首爾批貨，以時間與預算來看，3天算是很適合的行程

交通預算

機票

　　機票是到首爾批貨中較大的一筆支出，現在不管是桃園或高雄飛首爾，如果找旅行社訂票的話，票價大約都在新台幣一萬元上下，相信一定有很多人會想，如果不要透過旅行社訂機票，會不會比較便宜？為此，我們找到目前網路上最有效的機票搜尋網站「背包客棧首爾機票搜尋討論區」（http://www.ackpackers.com.tw/forum/airfare.php）。

　　這裡可搜尋到易飛網、易遊網、燦星旅行社、雄獅旅行社、可樂旅遊、東南旅行社、台航吉帝旅行社、玉山票務的班機票價，只要點選搜尋資料，系統就會自動將機票從最低價開始排列成表。

　　系統所顯示的機票價格從新台幣不到5,000元到上萬元都有，不過記得還得加上機場稅、兵險費等稅金，買票前最好要先向航空公司問清楚，再比較哪種訂票方式比較便宜。

　　喔，對了，除了「背包客棧首爾機票搜尋討論區」之外，另外還有兩個國內較大的旅遊網站——「易遊網」（www.eztravel.com.w）、「易飛網」（www.zfly.com)也是不錯的訂票網站。就我們的經驗來看，這兩個旅遊網站中的訂票操作流程都很友善，即使沒有用過的人也很容易上手。如果打算線上刷卡的話，記得在上網訂票前，先把信用卡準備好，免得在訂位時手忙腳亂。

目前飛首爾來回機票，平均約新台幣1萬元

地鐵、巴士車費

從仁川國際機場到首爾市區可搭機場地鐵到金浦機場（單程票價3,100韓圜），再轉搭首爾地鐵5號線到首爾市區，也可搭602或605-1號巴士到明洞或東大門。搭巴士的話，單程為9,000韓圜，不過因為往後幾天還是有機會搭地鐵，所以就以買一張T-Money作為交通費用，我們先估第一次買T-Money的費用為10,000韓圜。

我們以最寬鬆的預估值來抓，如果首爾到仁川國際機場來回都搭巴士，就要18,000韓圜，再加上20,000韓圜的T-Money費用，以及30,000韓圜的計程車費，以最近1比38的匯率來算，加總後折合新台幣1,800元。

機場巴士6002可從仁川國際機場直達首爾市區

機場快鐵可直接從仁川國際機場搭到金浦機場

住宿費用

　　首爾算是東北亞國際都會之一，從六星級以上的國際飯店，到各種民宿都有。我們就以東大門的高爺乙支路公寓酒店為入住地點為例，這半年來因為韓圜大跌，2009年初一晚的價格約新台幣1,700到2,000元之間。明洞GH的話，一晚約新台幣1,000元，至於仁寺洞或其他地方的Motel，有不少房價都在50,000韓圜，等同新台幣1,350元。

　　因為到首爾批貨，我們比較建議住在東大門附近，所以在住宿方面，我們抓新台幣**2,300元×2＝新台幣4,600元**。

高爺乙支路公寓酒店有簡單的流理台，如果肚子餓了，也可以自己做點吃的

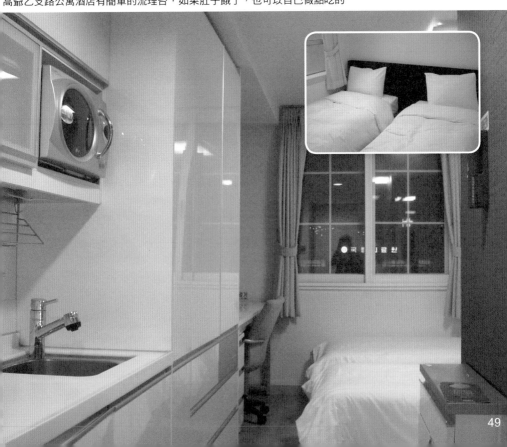

餐飲費用

　　在首爾不用煩惱該吃什麼，除了韓式餐廳外，日式、中式餐飲或西式速食到處都有，以及路邊還有各種特色小吃，絕對嚐不完，我們以一餐平均10,000韓圜，大約新台幣250元來看，3天6餐的話，**餐飲費用約新台幣1,500元。**

首爾有各式美食，想養足體力絕不是問題

首爾有很多街頭美食，這些飲食攤的價格都不貴

批貨費用

　　目前五分埔韓貨的批貨成本和定價原則是，店家多半是進貨成本×2＝售價了，也就是說進貨成本大約是最後售價的5或6折。一開始也不會每個月都跑首爾，畢竟還是要把每一筆批貨的成本算清楚，所以初期最好是每隔一個半月到兩個月跑一趟，除非生意做得夠大，否則因為一開業太過頻繁的跑首爾，還是不划算的。如果還是有台灣的貨源，不要一下子就把穩定的貨源切斷。

　　我們這樣說好了，假設妳一個月在台灣的進貨量是10萬元，那第一次去首爾，至少要準備15萬元，這樣剛好可進一個半月的貨。

到首爾批貨，一定要精算商品的進貨成本，才不會虧本或賣不掉

貨運費用

　　到首爾批貨，看中的就是韓貨的精緻與時尚，而且各種時尚商品很多，一開始量不會很大，能的話就跟著隨身的大行李箱帶回來，不過，還是會有一部分的貨可能無法隨個人行李回台灣，這時候就得靠貨運了。

　　首爾的貨運系統和廣東不太一樣，廣東的貨運系統很完善，只要在商場請運貨工將包好的貨送到貨運行，其他的就不用煩惱。在首爾就沒有這麼簡單了，這時候要靠包裝行來協助。

首爾東大門批貨流程中，會需要靠貨運代理商協助，必須把這部分費用計算進去

這就是東大門專門承攬將貨運到飯店的跑單幫摩托車騎士

　　東大門批貨商場的外面也有一些承攬將貨運到飯店的跑單幫摩托車騎士，他們就是貨運員，他們的費用以5,000韓圜起跳。由於隨身帶著批來的貨跑不同的批發商場不僅累，而且很難後續的批貨行程，所以大多是每一棟批發商場批來的貨，就請摩托車貨運員送回酒店，假設一天平均跑4個批發商場，兩天下來約跑8個批發商場，我們以兩天批貨所需8趟的貨運費40,000韓圜計算，約合新台幣1,000元。

　　跨國貨運包含海、空運費，到台灣海關後的報關費、拆櫃費、提單費，以及從海關到台灣各指定地點的陸上運輸費用。因此，批貨客到首爾批貨後，要支付的貨運費用包括兩部分：

如果批來的貨沒辦法跟行李一起回來，那就得委由包裝與貨運公司協助將貨運回台灣

.包裝費和韓國到台灣的海（空）運費，這是在韓國要付給韓國的包裝及貨運公司的，這部分可和其他人的貨一起分攤。不過跨國運費變數大，夏天和冬天的服裝體積差很多。依照目前的經驗來看，連包裝加運費，一次的費用粗估約新台幣2,500元。

.台灣的關稅及內地物流費用，約新台幣1,200元以上，不過這部分的費用也和進口商品的品項而有不同，像服裝與皮件的關稅就不一樣，因此很難以單一標準來估算預算。

最後，我們將飛一趟首爾批貨的所有費用加總，看看到底要花多少錢。

機票預算	10,000元
首爾交通	1,800元
住宿預算	4,600元
餐飲預算	1,500元
貨運預算	依個人批貨量而異

再次叮嚀，以上的預估花費並不包括批貨費用，而且有些開銷沒辦法估得很準，像交通費，如果要去別的地方，而且路又不熟的情況下，就有可能花更多的交通預算在計程車上。此外，最大的變數在貨運費上，因為每個人批貨的種類和數量都不一樣。像服裝和皮件、鞋類的貨運量就差很多，同樣一個紙箱，裝衣服可以裝較多，裝皮件或鞋類就相對少很多。因此，費用預估上就沒有將貨運費估算進去。

首爾批貨
流程
大公開

多看、多做記錄、多翻雜誌

　　有些曾到廣東虎門或廣州批貨的賣家，久了之後就會想開發新貨源，於是首爾就成為下一個新的批貨地點。其實廣東和首爾的批貨流程並沒有很大的差異，不過，很多賣家想到首爾批貨的第一個障礙就是語言和文字。

　　的確，對台灣人來說，簡體中文用猜的多少還猜得出來，韓文則是根本看不懂，韓語更不用講了，也是完全聽不懂。但其實在首爾的東大門、南大門

只要簡單的英文，加上比手畫腳與計算機，
在首爾批貨一樣通行無阻

東大門每天晚上可見南來北往
的批貨客前來批貨

的批貨商場中，大部分店家的售貨員都會講一點英語。常用的批貨語言，像是「one piece ,how much?」（一件多少錢？）或「many pieces, how much?」（多件多少錢？）再加上比手畫腳，以及寫在紙上溝通，其實即使到首爾批貨也不會有太多問題，所以不用太擔心語言問題。

就像前面說的，到首爾批貨時間已經不太夠用，因此如果是第一次去韓國批貨，事前準備功課一點都不能少。出發前多到書店翻翻時尚雜誌，看看現在的款式。而且我們也建議先去五分埔探查敵情兼看市場流行趨勢，同時記錄價格、品質、樣式、還有這些服飾的購買族群與年齡層，到首爾之後，就可直接鎖定幾個重要的批發商場開始批貨。

1. 這樣的價錢能不能賣？商家老闆正在按計算機
2. 哇！這些服裝都好想批回台灣喔

❹

❺

第一次去首爾批貨，別寄望一開始就能夠殺價，最好多看看，多跟商家比較自己的銷售品味，而且一定要多做記錄，像是服裝樣式、車工品質、進貨的商家記錄等資料，慢慢的就能篩選出適合自己的商家，以後才會有較多的量和商家談價格。

1. 東大門皮件批發商場一景
2. 就這些了！把要批的貨交給商家美眉打包
3. 搭電扶梯往上一層，繼續批貨
4. 批貨時，記得要留下訂購單，這樣才能對照自己的批貨清單
5. 記得要離開前，再核對一次訂購單

批貨流程說明

　　批貨流程如下：①選貨並決定數量→②議價→③付款→④將貨品從商場送到酒店→⑤送包裝行打包→⑥送代理商裝箱報關上機（貨機）→⑦貨到台灣海關進行通關報稅→⑧貨運行將貨送到指定地點由買家點收。這樣就算完成一次的批貨流程。

　　在首爾批貨，前4個步驟都不是問題，最大的問題是第5個步驟「送包裝行打包」，如果這一關打通，後面就簡單了。

買現貨可節省不少麻煩

　　在首爾人生地不熟，加上不少韓國的服飾廠商已經把生產外包給中國工廠，在首爾能拿到的就是現貨。不過，反正韓貨靠精緻，本來就應該是少量多樣，才能維持新鮮度。所以只拿店家現有的貨就夠了，大家一手交錢一手交貨，這樣也可省下訂貨和日後付款的麻煩。

　　過去首爾東大門批發商場的店家在批發條件上很硬，這兩年景氣真的是差多了，所以批貨條件放寬不少，通常只要一家店能批個幾件，都可以拿到批發價格。不過在東大門批發價就是批發價，除非一次批貨的量很多，否則想要再殺是不太可能的，這一點則要請批貨客注意喔。

　　批貨客心理要有個價格底線，問到批發價後，換算成新台幣再乘以3，如果會是妳在台灣的售價的話，那表示這個價錢算OK的。舉例來說，某件衣服12,000韓圜，換算約新台幣300元，再乘上3＝新台幣900元，如果可以在台灣賣到980元以上，這樣的售價在台灣很有競爭力，那就可以批了。

　　剛到東大門時，會覺得服飾琳瑯滿目，而且款式又新，一眼望去讓人眼花撩亂，這時候我們建議你一開始還是多看看，如果覺得店家開的價格不夠優，那就問看看有沒有名片，不是要打電話回來，而是在名片記下這家店的產品特色，這樣才方便日後找得到店家。

　　還有，因為韓國的商品都是以韓文標價，有時候我們會看不懂，為了避免誤會，我們建議還是帶著計算機，一邊算出總價讓店家確認；另外計算出總價，也比較有可能和店家殺價，看能不能再多點折扣。

可請店家幫忙叫運貨員送貨回飯店

　　很多人在批貨時都會帶好幾個大袋子，把每個店家批到的商品都放在大袋子裡，沒辦法，在首爾，幾乎大家都是這樣批貨的。怎麼樣做才能最省時省力呢？有兩種做法，第一種是向店家批完貨後，在飯店的名片上寫上自己的房號和自己的名片一起交給店家，他們會找貨運員把貨送到飯店大廳，但這種做法，每一包袋子都要收5,000韓圜的貨運費，這樣雖然輕鬆但很不划算。因此我們介紹另一個聰明做法，那就是自己帶著批到的貨，並記住批最多貨的店家是哪一家，等一棟商場都批完後，把貨整理成一大袋，然後請批最多貨的店家老闆或店員找他們比較熟的摩托車運貨員（我們都叫他們「摩托車大叔」）將貨送回酒店。

東大門商場外一袋又一袋
批好的商品堆滿路邊

　　所以，第一次去首爾批貨的人會對東大門各批發商場一樓外，一袋又一袋，人行道上堆積如山的塑膠袋感到驚訝，這些都是從韓國各地及其他國家來的商客批的貨，正等著運貨員將貨送到客人指定的地點。

　　因此，在商場外會有一群騎摩托車的運貨員大叔，他們不像虎門或廣州的批發商場有一群簽約的搬運工。東大門的摩托車大叔是個體戶，但不用太擔心他們會把貨偷走，畢竟他們也是顧慮自己的商譽，拿你一、兩萬元的貨，以後都不要在東大門混，這樣的買賣想想也不划算，所以大可不必擔心這些摩托車運貨員會把你的貨拿走；而且他們每天都要幫許多國際批貨客將貨載送到指定地點，經驗相當豐富。我們建議多帶幾張住宿酒店的名片，到時候可交給店家售貨員或摩托車大叔，他們自然會幫你把貨送到酒店，等你回酒店時，貨已經放在酒店大廳櫃檯的角落。

　　目前這些摩托車大叔的運費價格，一般來說，起價約5,000韓圜，看有多少貨要運送，不到新台幣150元就能幫你把批來的貨送回酒店，價格非常實惠。

怎樣把貨從首爾帶回台灣？

　　從東大門、南大門的批發商場店面批到貨，到貨品送回台灣會有兩種做法。

1. 自己帶貨：托運行李只能帶一個行李箱，限重23公斤，隨身帶上機行李限重7公斤，可以再隨身帶一個小的購物袋。

2. 請包裝行代運：商場→酒店→包裝行→代理行→韓國海關→台灣海關→台灣買家指定地點

　　相信大家對第一個做法應該不會有問題，第二個做法就比較麻煩了，這部分是貨品沒辦法跟著自己的隨身行李回台才要採取的做法。

不過，在韓國最麻煩的是貨運問題，這也是很多批貨客的困擾。韓國有一個很奇怪的貨運規則，想要將批來的貨從首爾運回台灣，東西都要用紙箱打包好才能運送，偏偏韓國的紙箱又很貴，這真的是和其他批貨地方很不一樣。

韓國的貨運費用包括紙箱包裝費用、服務費和卡車運費、海運費等，其中就以紙箱包裝費是比較特殊的費用了。除此之外，找不到貨運公司是更大的問題，問題就出在韓國貨運公司的資料也很少在網路上釋出，但韓國有很多華僑都從事包裝業務，也就是包裝行，他們都會有合作很久的貨運公司，雖然中間多了包裝費用，但也沒辦法，韓國的貨運業務就是這樣。

因為每個人批的量都不是多到需要包櫃，所以一定也是和其他貨物一起併櫃。至於關稅方面，包裝行會先確定貨品內容，然後會告訴你關稅稅率，像服飾和皮件或傢飾是不一樣的，但這些稅則的問題，我們還是建議給包裝行和貨運行處理，這種錢省不下來的。

運費大概要多少？

批韓貨就是為了搶市場，因此絕大多數的批貨客都會用空運將批到的貨運回台灣。空運的單價是以公斤計價，這部分的貨運費用因個人而有很大的差異，因此就不做估算了。

韓國的貨運業是批貨中最讓人頭疼的一環，不過也沒有辦法，甚至有人嘗試從台灣帶紙箱去首爾，希望能夠將貨從首爾運回台灣的環節中，省下包裝行的費用，不過不僅麻煩，而且韓國人並不打算讓你省下這一部分的錢。

現在東大門批貨區有很多貨運行，只要逛逛就可以看到，而且招牌也是中文字，因此，別擔心找不到貨運行。根據我們的實際經驗，這些貨運行的包裝費加上運費，價格大同小異，因此問個幾家，覺得還可以的就好，也別擔心貨會寄丟。

首爾批貨

交通篇

搭機、入境、地鐵

　　到首爾批貨的交通費用中，以機票占最大比例。目前航空公司有推出機加酒行程的，以長榮及中華航空為主，除此之外，就是自訂機票，自訂機票可自行上幾個專業旅遊網站搜尋。

　　目前想要出國自由行的人通常會上幾個旅遊網站、旅行社網站或直接上航空公司網站。如果不打算買機加酒行程，那就多上幾個網站貨比三家。像旅遊

記得提早2個小時到機場報到，準備登機手續

網站包括易飛網、易遊網、燦星旅遊網、玉山票務、101票務中心等。這幾個
都是點閱率很高的旅遊訂票網站，不定期會釋出一些優惠票或限期促銷票。另
，雄獅旅遊、鳳凰旅行社，以及有飛首爾航線的航空公司，也都能訂購機
票，也有各自的機票產品，所以就看自己的習慣了。

登機時隨身行李限重7公斤

可訂購機票的旅遊網站

易飛網	http://www.ezfly.com
易遊網	http://www.eztravel.com.tw
燦星旅遊網	http://www.startravel.com.tw
玉山票務	http://www.ysticket.com
101票務中心	http://super.101vision.com
雄獅旅遊	http://www.liontravel.com
鳳凰旅行社	http://www.phoenix.com.tw
國泰航空	訂位電話：(02) 2716-6654，(07) 282-7538 機場服務電話：(03) 398-2388
長榮航空	訂位電話：(02) 2501-1999，(07) 337-1199 機場服務電話：(03) 351-6805
中華航空	訂位電話：(02) 2715-1212，(07) 282-6141 機場服務電話：(03) 383-4106
泰國航空	訂位電話：(02) 2509-6800，(07) 215-5871 機場服務電話：(03)383-4131
大韓航空	訂位電話：(02)2518-2200，2518-0293 機場服務電話：(03)383-4106
立榮航空	訂位電話：(02) 2518-2626，(07) 791-7977 機場服務電話：(03) 351-6805
韓亞航空	訂位電話：(02)2581-4000 機場服務電話：(03)398-6001

　　目前飛首爾的航空公司中，以國泰航空的票價較便宜，班機多半是下午去早上回，但也因為票價較低，最不容易訂到；至於長榮航空的機票會貴一點，所以一般搭長榮航空的機會比較多。

台灣遊客可免簽證遊韓國

現在韓國對台灣觀光客提出免簽證的禮遇，如果是前往韓國短期旅遊（當然也包括去批貨在內），只要一次不超過30天，買機票後都可以直接搭機直飛首爾。

仁川國際機場入境流程

只要有出國旅遊經驗的人，相信對出境的手續應該不陌生，只要記得至少是早2個小時到機場即可，還有記得在訂票時順道詢問要在桃園國際機場的第一還是第二航廈報到。

從桃園國際機場飛韓國仁川國際機場約需2小時30分，加上韓國比台灣的時間要快1小時，因此如果班機是中午12點從桃園國際機場起飛，預計到達仁川國際機場是台北時間下午2點30分，不過卻是韓國時間下午3點30分。

抵達仁川國際機場後，順著天花板上的「Arrival」標誌，就能夠走到入境海關

到海關前，記得把已填好的入境單與護照準備好

如果你的行李被這種黃色大鎖上鎖，恭喜您！這表示你的行李被抽到要接受開箱檢查

1.填寫入境相關表單
要入境韓國必須填寫：（1）入境登記卡（2）入境行李申報單等表單，最好是在飛機上就先填寫，免得在入境後又要找路，又要填單子，會把自己搞得手忙腳亂。仁川國際機場的指示牌或電子看板都有韓文、英文、中文及日文四種語言，所以別怕迷路。

2.排隊入境檢查
當班機抵達仁川國際機場後，只要跟著同班機的乘客走，或是注意看天花板上的「Arrival」的標示，就可以順利走到入境海關。仁川機場入境海關的檢查線分成韓國籍與外國籍兩種，通常我們台灣人一定是排外國籍的線，不過如果剛好遇到韓國籍的檢查線沒有韓國人排隊，海關人員有時候還會隨機應變，揮手叫我們這些外國人去排韓國籍的檢查通道，節省入關時間。

3.提領行李
一旦通關後，接著就是提領行李，電子看板會顯示班機代號，提領行李後就可直接到最後的入境處接受海關檢查。

4.海關行李檢查
通常到海關檢查時，如果沒有不該帶或必須申報的物品，只要直接將「入境行李申報單」交給海關人員就可以出關了。

從仁川國際機場搭機場快線到首爾

仁川國際機場位於首爾西方的仁川廣域市，距離首爾50公里，挺遠的。想要從仁川國際機場到首爾的大眾交通工具包括機場快鐵「A'REX」和巴士兩種；另外就是搭計程車進首爾，不過韓國的計程車費很貴，所以我們當然不建議搭計程車囉。

入韓國境內後，順著「機場快鐵」標誌就可搭機場快鐵到金浦機場再轉首爾地鐵

寬敞的機場快線車廂

1. 機場內有機場快鐵的購票機，上面可看到只有一條路線直達金浦機場
2. 機場快線購票機有中、日、韓、英四種語言
3. 購買機場快鐵車票可用韓圜鈔票或硬幣購買
4. 接著購票機會指示你放入鈔票或T-Money卡
5. 終於買到機場快線車票了

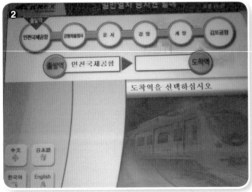

国际空港역 Incheon Int'l Airport Station 仁川國際空港驛

타는 곳 Tracks 乘車

공항화물청사 · 운서 · 검암 Incheon Int'l Airport Cargo Terminal · Unseo · Geomam

No Cart!

取得車票後就可準備進入機場快線區

首爾地鐵圖

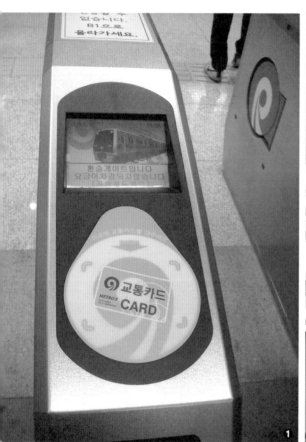

1. 將車票放在黃色圓形區，即可感應入內
2. 順著電扶梯往下走就可以到機場快鐵候車區
3. 機場快鐵候車區
4. 抵達金浦機場後，即可準備轉搭首爾地鐵

　　仁川國際機場的機場快線是機場的聯外鐵路，它先連接到首爾飛國內航線的金浦機場，然後再從金浦機場轉搭首爾地鐵5號線進首爾市區了。整段路程大約需要70～90分鐘。

　　拿著行李出海關後，就可以看到A'REX的指示看板，只要順著走就可走到機場快線，接著你會看到寫著英文「Tickets」的自動售票機。在英文不是很普及的韓國，機場快線有一個特色，那就是從買票到進出機場快線，都會有英文。

　　至於機場快線的自動售票機則有中、英、日、韓四種語言，所以買票並不難。

　　從仁川國際機場搭機場快線到金浦機場的票價是3,100韓圓，大約只要新台幣80元，接著從金浦機場搭地鐵到首爾火車站的票價是1,100韓圓，還不到新台幣30元，合起來只要新台幣110元，比搭巴士進首爾市區要便宜呢。

　　買完票後就等著搭機場快線，這條機場快線的車廂採直條座椅，留下寬闊的空間，好讓旅客能攜帶隨身行李。

　　當搭機場快線到金浦機場後，接著轉搭首爾地鐵5號線，可直接搭到東大門運動場站，我們比較建議去首爾批貨，住的飯店最好就選在東大門附近，這樣就不用再換地鐵了。

仁川國際機場到金浦機場再到首爾

仁川國際機場地鐵快線購票流程

 1選擇語言　→　 **2**選擇目的地　→　 **3**輸入人數

7售票機左側吐出票票，右側找零

6插入紙鈔　←　**5**確認金額　←　 **4**按下購買鍵

1. 首爾地鐵購票機
2. 購票
3. 買到地鐵車票了
4. 如果不喜歡地鐵購票機上的韓文，
   也可以到櫃檯購票
5. 拿票通過閘口就進入地鐵站

從國際機場搭巴士到首爾

從仁川國際機場進首爾的另一個方法是搭巴士，由於巴士的路線較多，停靠站也多，所以搭巴士的好處是只要確定自己住宿的地點有巴士直達，那只要坐上巴士就不用換車，可一路直接坐到飯店了。

仁川國際機場總共有14個出口門，如果是搭大韓航空或韓亞航空班機，就會走A、B區到入境大廳；如果是搭國泰、長榮或中華航空，則會從E、F出口到入境大廳。不過別擔心，不論是A、B或E、F區出口，附近都有巴士站及售票亭，一眼就可以看到。

巴士站的路線圖上有韓文和英文，所以最好先確定一下自己要下車那站的英文，對照一下，最好把要下車的

站名寫在紙條上，把錢和紙條一起遞給售票員，這樣比較不會搞錯。還有，上巴士前最好看一下巴士的路線圖，上面會標出巴士經過的每一站，因為韓國的地名唸起來和中文發音很像，所以只要在售票口看上面的站名英文拼音應該可以猜出韓文的地名。算一下自己的下車地點是第幾站，再把下車地點前一站的韓文與英文抄下來，這樣就不會下錯車站了。

買完車票後，就可直接到外面巴士站搭車

仁川國際機場巴士表

便宜又超方便的首爾地鐵

在首爾市區趴趴走，最好的交通工具絕對是地鐵，所有重要的景點都可以靠地鐵到達，而且搭乘地鐵費用低廉，去首爾批貨當然要搭地鐵囉。

首爾地鐵也有像台北捷運悠遊卡一樣的「T-Money」，對我們這些不會說韓文的台灣人來說，我們強烈建議一定要買張T-Money搭捷運。第一、不用浪費時間跟看不懂地鐵自動售票機上的韓文搏鬥，特別是後面還有一堆人在等你，看到自動販賣機上的韓文，絕對讓你抓狂。第二、不必帶一堆零錢在身上。第三、搭捷運刷T-Money也有票價優惠，而且T-Money永遠有效，沒有使用期限。

首爾地鐵

80

T-Money可以在地鐵站的服務台購買，如果要加值的話，除地鐵站外，也可在7-11、GS25、全家這幾個連鎖便利商店，至於小亭則不提供加值服務。所謂的小亭其實就是有賣各種書報、飲料、小吃的書報攤，很像台灣二十年前的公車票亭，只是賣的東西要更多樣化。

第一次買T-Money的費用中，有2,500韓圜是押金，剩下的才是可用的金額。而且T-Money除了基本款之外，還有各種款式，但價格就比較貴了。像是米老鼠紀念版的押金就要4,000韓圜，或是有些T-Money設計成鑰匙圈，都比基本款要貴，而且不是每個銷售T-Money的地方都有最便宜的基本款，但是還好啦，如果固定都要跑首爾批貨的話，就把成本分攤下來了。

首爾地鐵的這種小亭，並不提供T-Money的購買或加值服務

1. 首爾地鐵的路線圖，上面紅色圓圈代表乘客所在站，不懂韓文的外國人最好看清楚再上車，免得搭錯方向。首爾地鐵的自動售票機，上面有路線圖，方便對照目的地與票價
2. 進入地鐵站後，找到搭車路線最簡單的方法是看路線顏色和阿拉伯數字
3. 首爾地鐵和台北捷運沒差太多，像他們也是把貨拖上地鐵
4. 如果需要換線的話，記得跟著牆壁上的標示走，這樣就不會上錯車

Korea

非尖峰時間的首爾地鐵站

好用的T-Money

只要是在首爾市區活動的話，T-Money是非常好用的一張卡。搭地鐵的話，每搭一次地鐵，可折扣100韓圜，而且還可以搭公車。如果想打公共電話回台灣的話，也可以用T-Money喔。

1. 首爾地鐵站入口，可看到軌道車標誌
2. 首爾地鐵站也有投幣式置物箱，上方的出口也有標示幾號出口方向

83

首爾地鐵圖網站

　　首爾的地鐵包含郊區共有10條路線，地鐵是以顏色和號碼作為區分。每個地鐵站也會有編號，通常是3個阿拉伯數字，第一個數字是地鐵路線，後面兩個數字則是地鐵站的編號，只要手上有地鐵路線圖，一比對就知道自己要去的目的地是在幾號地鐵站附近。地鐵站有黃色的小架子，裡面就有免費的地鐵路線圖，記得到地鐵站一定要拿一份。

首爾市區郊區地鐵地圖網站：

http://big5chinese.visitkorea.or.kr/cht/TR/TR_CH_5_7.jsp

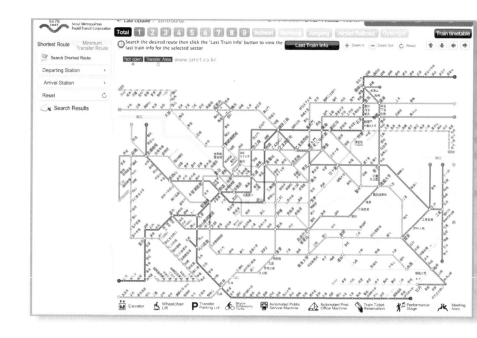

怎樣買地鐵車票？

買地鐵票有3種方式，依方便性的排序為：①買一張T-Money，從此進出地鐵站可直接刷卡，②到售票處買票，③到自動售票機買票。

1. T-Money：可直接在地鐵服務台購買，買一張10,000韓圜，扣掉2,500韓圜的押金，還有7,500韓圜可用，等用完了再去加值就好了。

2. 到售票口買票：把要前往的地鐵站名的中文、英文（如果覺得自己描韓文夠像的話，就把韓文也寫下來）寫在紙上，和錢一起交給售票員。

3. 到自動售票機買票：雖然地鐵站都有售票口，不過如果很多人排隊買票，還是需要了解怎樣透過自動售票機買票。

這是首爾地鐵的加值機，按著順序操作，很容易就能為T-Money加值

自動售票機買票流程

1. 自動售票機上有地鐵路線圖，先查看到目的地的票價。
2. 按「區間選擇費用」（藍色按鈕）
3. 選擇車票張數，如果只需1張，就直接選擇「費用」
4. 投入硬幣
5. 拿出車票，如果需要找零錢，機器會自動吐出零錢
6. 接著就可以拿車票往入口處去了，入站時，只要把票往出入口閘門上的感應位置放上去，閘門會自動感應，即可進入；出閘門時，把票往閘門上的插票口插進去即可出站。

首爾批貨
食宿篇

住宿點離批貨區越近越好

　　到首爾批貨可不像自由行，自由行的行程不會玩到三更半夜，只要能趕在地鐵收班前回到酒店就沒事，而且行程上較有彈性，不見得一定要住在明洞、東大門這些商業區附近；不過去首爾批貨的那幾天，多半是畫伏夜出，典型的蝙蝠生活，而且東大門、南大門批發商場的營業時間從晚上8、9點一直到凌晨2、3點，那時候地鐵早已收班，即使夠厲害的批貨客能夠一直批貨到早上地鐵開始營運，一個晚上下來也已經精疲力竭了。因此，能夠住在比較近批貨區的地方當然最好，可省下不少交通時間與費用。

很多韓國人喜歡在周末去汗蒸幕一整晚，享受各種三溫暖等服務，
不過，對批貨客來說比較不方便

　　除了地點之外，價格、安全、便利，也是尋找住宿地點的主要考量。從以上的四點考量來分析的結果，最後我們建議找位於東大門區的飯店或酒店，比較符合首爾批貨的需求。

　　就價格來看，首爾的飯店貴的也是很貴。韓國的飯店分級是以韓國國花「無窮花」作為分級標誌。最高級的特一級以及次高級的特二級飯店，都是以5朵無窮花作為標誌，接下來則是一級的4朵無窮花，二級的3朵無窮花與三級的2朵無窮花為區分。其實和其他國家的星級制度並沒有太大差別。

　　除了以上的飯店外，連鎖商務酒店、汽車旅館（Motel）也算不錯，青年旅舍則比較適合自由行的背包客，不適合要整理大包小包「戰利品」的批貨客；還有民宿也是另一種選擇，但通常民宿的地點都不見得靠近批貨地點。最後還有一種住宿選擇，就是汗蒸幕（三溫暖），到汗蒸幕一次可待24小時，很多韓國人流行到汗蒸幕休息過夜，其實和台灣的三溫暖一樣。

　　現在，我們把首爾的各住宿地點的平均價格做個介紹：
● 汗蒸幕過夜，基本入場費約6,000-10,000韓圜。
● 商務旅館或汽車旅館的雙人房，一晚約30,000-50,000韓圜。
● 星級以上飯店的雙人房，一晚約60,000韓圜。
● 特一級、特二級飯店的雙人房，一晚至少150,000韓圜以上，甚至到300,000韓圜，都很普遍。

　　近幾年，到韓國自由行的人越來越多，各種交通住宿資訊也很公開，不過我們還是很推薦CO-OP Residence 高爺商務公寓酒店連鎖集團。它在首爾總共有6家分館，除了離東大門很近的乙支路分館及Western Co-op西方高爺酒店外，還有徽慶洞、梧木橋、新村Central及三成站等四個分館。

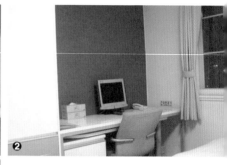

1. 高爺乙支路公寓酒店內有簡單的雙人書桌，以供商務人士之用
2. 高爺乙支路公寓酒店，有些房間還有電腦螢幕
3. 高爺乙支路公寓酒店的雙人房，有一張床及二張床兩種，很多人常把二張床併在一起好堆貨
4. 高爺乙支路公寓酒店雖然簡單，但該有的設備都有
5. 高爺乙支路公寓酒店的流理台可以拉出一個平台當餐桌

　　不過，批貨的住宿地點最好還是離批貨地區越近越好，其中又以住商務酒店最適合，因為特一、二級以上的飯店實在太貴，為了批貨住這麼貴的飯店實在不敷成本。民宿的位置大多離批貨區的東大門或南大門較遠，交通不方便，就算再便宜，搞不好計程車費就比住東大門附近商務旅館的價差要多，與其如此，我們建議還是以東大門為首要選擇對象。因此，如果是去首爾批貨，我們最建議的就是高爺商務公寓酒店。

　　有時候航空公司的機加酒行程會把高爺商務公寓酒店（CO-OP Residence）寫成「乙支路公寓」，其實是同一家酒店。想去首爾批貨的人可以直接到高爺商務酒店的網站看看，也可以直接在上面訂房。高爺商務酒店的網站有韓、日、英及簡體中文四種語言，對於前三種語言有困擾的批貨客，簡體中文也算是聊勝於無了。

高爺商務酒店網址
http://rent.co-op.co.kr/chn/body02.htm

高爺商務酒店是韓國的一家連鎖商務公寓酒店集團,除了乙支路有分店之外,徽慶洞也有另一個分店,除此之外,Western Co-op西方高爺酒店也是這個集團的。

高爺商務酒店乙支路公寓酒店的位置可說是得天獨厚,如果要去首爾批貨的話,可以用最簡單的話說,就是「不必再找了,就是這裡!」

因為乙支路公寓酒店步行到東大門批貨區只要5分鐘,地理位置非常理想,周邊生活設施也極為便利。有警察局、郵局和換錢所(而且美元兌換韓圜的匯率挺不錯喔)。臨時想要吃點全球都有的食物,附近也有炸雞店,24小時營業的儂特利速食店,巷子裡也有餐廳可大快朵頤,旁邊也有GS便利商店、雜貨店可臨時採購,當然也有台灣美眉最愛的美妝店,而且離地鐵2號線的地鐵站也只有3分鐘的步行距離,真是方便極了。

　　乙支路公寓酒店的客房之所以稱為公寓酒店，是因為他們也供長期住房服務，所以一進房間過小玄關後就是個小廚房，裡頭有微波爐，也有電磁爐，方便長期住戶煮食物。

　　進房間後，除了床之外，還有辦公區，有一套辦公桌椅，有網路線、電話、電視等設備，如果有帶筆記型電腦的話，就能夠上網收信處理公事。不過不少人都覺得高爺商務公寓酒店的雙人房不是挺大，根據目測，大約是9坪大，雙人房裡面是分成兩張單人床，有人常把兩張單人床併在一起，空出更大的空間擺貨物及行李。

選擇住宿地點時，別忘了最好也把周邊有沒有餐廳考慮進去

　　另外，房間內的浴室和廁所同在一起，洗澡的話用的是淋浴設備，裡面還有3條毛巾和1塊香皂，但好處是酒店會每天更換毛巾，浴室裡還有吹風機，不是放在鞋櫃抽屜就是浴室抽屜裡，洗完頭髮要吹乾頭髮就不用擔心毛巾擦不乾了。

　　還有，最重要的是，乙支路公寓酒店也提供付費早餐。雖然是簡單的西式早餐，像是沙拉、炒蛋、土司、餐包、火腿、果汁、咖啡等都有，至少每天早上不用煩惱要去哪裡吃早餐，或是怕吃不慣首爾的早餐。另外，酒店內還有健身房和自助洗衣間，覺得批貨走路還不夠多的人可以再去發洩一下精力，或是夏天衣服容易有汗臭味，有自助洗衣間就很方便了。

首爾有各國風味的餐廳，尤其日式餐廳也非常多

Western Co-op西方高爺酒店

　　雖然高爺商務公寓酒店是不少人推薦的酒店，不過也因為這樣，東大門的高爺一直很熱門，如果沒能預定到的話，我們推薦在高爺商務公寓酒店的旁邊，約5分鐘的步行距離就可以到的Western Co-op西方高爺酒店。

　　它和高爺乙支路公寓酒店相比，Western Co-op西方高爺酒店的房間比較大也比較新，預估大約有13到15坪，而且一晚價格比乙支路公寓酒店大約多新台幣300～500元，端看不同季節或旅行社的主推行程，兩者價差有限。

　　Western Co-op西方高爺酒店的房間陳設和高爺乙支路公寓酒店幾乎一樣，2樓有公共洗衣間、健身房和商務中心，如果沒有帶筆電去首爾批貨，臨時需要上網的話就可在這裡上網。

如何從仁川國際機場到高爺乙支路公寓酒店？

　　如何從仁川機場到高爺會館？如果想省錢的話，我們建議可以從仁川國際機場搭機場快線到金浦機場後，轉搭首爾地鐵5號線到東大門運動場站下車，然後從10號出口到地面後，順著馬路走約5分鐘就會抵達高爺乙支路公寓酒店，再往前走5分鐘就可抵達Western Co-op西方高爺酒店。

 可訂首爾飯店、酒店的網站
易遊網、足跡網

明洞Guest House

除了高爺乙支路公寓酒店或Western Co-op西方高爺酒店之外，首爾還有許多大大小小可供住宿的地方，其中在明洞附近，頗受背包客推崇的就是「明洞Guest House」，簡稱「明洞GH」。

明洞GH可算是民宿，地點就在明洞。住一晚的費用，單人房約40,000韓圜，雙人房約50,000韓圜；在韓國首善之區有這樣的住房價格，真是夠便宜了，而且住房費用可以付現或刷卡（當然老闆比較喜歡大家付現啦！）。

明洞GH的房間有獨立的冷暖氣，因為裡頭的電器都是韓文，如果不會用，老闆朴先生都會先示範一遍。床上還會有電暖墊，怕冷的人肯定用得著。另外，明洞GH的房間並無有線或無線網路，只有在一樓的公共區有一部電腦。

每個房間有浴室，裡面有洗髮精、牙膏、衛生紙、可淋浴，不過也和高爺一樣，沒有拋棄式牙刷，牙刷得自己帶。

因為房價真的很便宜，所以單人房並沒有很大，如果有帶大號行李箱去的話，空間就更小。但反正去首爾批貨，飯店也真的就是睡覺的地方，不介意的人可嘗試入住明洞GH。

如何從仁川國際機場到明洞GH？

想從仁川國際機場到明洞GH，可在機場的巴士站搭6015號巴士，在世宗飯店下車（如果怕司機先生聽不懂，最好把世宗飯店的韓文寫在紙上），旁邊就有明洞地鐵站的10號出口，從10號出口走下去，然後從1號出口再出地面，就等於是過馬路了。接著看到第一條巷子左轉走進去，大約走1分鐘就到明洞GH了。

首爾批貨吃什麼？

　　想到韓國菜，就會聯想到紅通通的韓式泡菜、辣炒年糕、韓國烤肉和泡菜鍋。不吃辣的人難免會擔心在首爾批貨要吃些什麼？還有看不懂韓文，點菜會不會很麻煩？

　　韓劇看多了，至少可以點出石鍋拌飯、韓國烤肉、泡菜鍋、豆腐鍋、煮豬腳、炸醬麵。而且首爾現在有越來越多的西式餐廳、日式餐廳和速食店，如果趕時間，麥當勞、肯德基之類的速食店可以迅速解決一餐。如果想試試韓式料理，明洞和東大門的餐廳也是非常多。

　　韓國人的主食也和台灣人一樣，都是米飯，不過到了韓國才會知道原來韓國泡菜真是博大精深，聽說光是泡菜就有三百多種，不管點什麼菜，店家一定會送上兩三碟泡菜，而且很多還是餐廳獨家配方醃製的。

這個是南大門養生果汁的攤子

平均來說，在小吃店吃一餐至少要
□,000韓圜，像樣一點的餐廳8,000韓
□起跳算正常，但要貴的也很貴，像
□國烤肉一人份20,000韓圜跑不掉，
□於台灣常見的韓式拌飯大概7,000
□圜。另外，韓式餐飲很夠份量，如
□女生結伴去批貨，兩個人在餐廳點
□份喜歡的菜，然後再到外頭路邊攤
□便點個辣炒年糕、海鮮煎餅或其他
□種當地特色小吃，可以吃得又飽又
□宜。

在南大門批貨累了，也可以直接到對面吃點東
西補充體力

即使是簡單的中餐，
也可以吃得很澎派

　　明洞和東大門都有很多餐廳，而且餐廳的菜單大多有附照片，即使不懂韓文的觀光客也可以看著照片點菜。不過我們覺得首爾路邊攤的小吃真的是美味又便宜，而且不管在明洞或東大門，長長一條馬路都是路邊攤，有數不完的小吃。

來喔，到首爾批貨，開動前先拍照留念

1. 台灣人不太敢吃，韓國人視為日常點心的煮蠶蛹
2. 南大門的路邊攤
3. 韓國也吃得到香瓜和鳳梨

典型的韓式烤肉

　　東大門的路邊攤看起來很像台灣海產店的露天座位，別擔心語言不通，像東大門路邊攤的老闆大多會一點簡單的英、日文，有些還會講一點中文呢，所以別擔心，不會說用比的一樣嘛ㄟ通。

1. 除了大餐外，首爾也有很多這種簡單鍋飯的國民美食
2. 韓國的桃子、蘋果種類繁多，而且也很平價
3. 晚上批貨錯過吃飯時間或想吃點宵夜，街頭有這種賣漢堡和烤肉串的美食攤

這家美食攤可是大大有名啊

這家美食攤還掛有像台灣「感謝XX電視台報導」的布條呢

老闆，別這樣嘛，擺個好看的臉色嘛

只要上韓國餐館，桌上一定少不了各種韓式泡菜

5. 又大又紅的韓國火鍋，看起來就很好吃

6. 韓國料理的量向來都不少，保證吃的又飽又滿足

1. 這種烤雞肉很合台灣人的胃口
2. 有些韓國餐廳還有傳統韓樂演奏,太殺了!
3. 大家一起去首爾批貨,一起吃飯也能吃到各種美食
4. 一般韓國人的常去的餐館
5. 如果想吃餃子,明洞也有一家很有名的餃子館
6. 首爾有各種等級的飯店或旅館,完全看你對投宿地點與價位的需求

首爾批貨

明洞
Myeongdong

引領韓國流行的時尚重鎮

　　韓國的流行時尚和日本不大一樣，如果說日本的時尚風格和歐美同步，那韓國的時尚則多了些朝鮮文化的獨特性。台灣的流行文化也比較接近韓風，不會過於前衛。但五分埔的韓風服飾，基本上還是先經過五分埔店家篩選過了。如果想要了解最新的韓風時尚，現在韓圜匯率低，跑一趟首爾真的是很划算。

　　如果要了解韓國的時尚脈動，明洞肯定是第一個要去朝拜的聖地。雖然在韓國政府的規劃下，現在江南的清潭洞和狎鷗亭洞有後來居上的態勢，不過這一點並沒有影響到明洞在韓國流行時尚圈的地位。聽當地的人說，明洞在非假日期間，一天大約有150萬的人潮，到周末假日更多達200萬人次，用摩肩擦踵來形容永不退燒的人潮一點都不為過。

　　現在的明洞也是首爾非常重要的金融與文化中心，不僅因為明洞聚集了上百家金融機構，而且在韓國歷史中，明洞聖堂和首爾ＹＷＣＡ大廈是七〇、八〇年代韓國民主化過程中的主要舞台。不過，對消費者而言，明洞引領韓國時尚風潮的服裝、飾品、皮件，及各種時尚與生活商品所融合而成的流行文化，最新的商品都是第一時間就送到明洞上架，這才是明洞最吸引時尚一族的魅力所在。

明洞當然也是韓國彩妝保養品牌的重鎮

明洞

地下鐵2號線

乙支路入口Euljiro 1-ga을지로1가

乙支路　Euljiro　을지로

馬樓內街Ma eunnae-gil 마루내길

KT&G 高麗人蔘展示販賣場

● 韓國外換銀行

Lotte百貨

明洞烤肉專賣店
(명동불고기전문점)

Metro Hotel

明洞營養粥專賣店
(명동영양죽전문점)

Family Mart

Wondang gamjatang
(원당감자탕)

明寶城

YMCA

GS25

103

味加本

河東館

首爾皇家飯店

Avenuel

Ibis明洞

明洞地下商店街

明洞火鍋
(명동찌개)

明洞Baune
(명동바우네)

Yoen

藥泉

全州中央會館

遊客服務中心
米丹

天主教中心

Congee House

明洞街 Myeongdong gil

7-11

Buy the Way

Innisfree

Missha

Lotte Young Plaza

Marionette

Ava Tar

Top Model Nail

Lnnis Free

Cafe Coin

Supermarket

maru

O.D.N.I

百濟夢雞湯

clue

Supermarket
Circle

Aidia

Basic House

Missha

鳳雛炒雞肉 (봉추찜닭)

明洞海鮮鍋
(명동어머니집)

福清

忠武捲菜 (충무김밥)

明洞咸興麵屋

明洞聖堂

肯德基炸雞

明洞牛肉涼麵

Body Pops

BANC

The Etude House

It's skin

漢城華僑學校

Aritaum

Skin Food

A land

Forever21

Han skin

Art Box

Banila Co.

明洞餃子

明洞咸興冷麵

異色衣

中國大使館 ●

clrlde

TONY MOLY

藤木(등나무집)

天地然汗蒸幕

KIS遊客中心

三金
(삼김)

首爾中央郵局

THE FACE SHOP

Savoy Hotel

EBLIN

GS25

火爐旅行
(화로여행)

往世宗飯店

G+cosmetic

7-11

GS25

SSAMZIE

Doutor

UNIQLO

全州中央會館

營養中心 (영양센타)

梧桐堂韓醫院

Yoogane (유가네)

Family Market

明洞
汗蒸幕

忠武路 Chungmu-ro chungmu-ro

退溪路 Toegye-ro 퇴계로

地下鐵4號線

明洞Myeongdong 명동

會賢地下商店街

New Oriental Hotel

Prince Hotel

明洞購物地圖

　　明洞距離南大門不遠，以台灣人的角度來看，整個明洞算是滿大的一個區塊。周邊有3個地鐵站，比較常用的地鐵站是地鐵4號線明洞站，另一個是地鐵2號線乙支路站。從地鐵4號線出口的明洞路是貫穿整個明洞的動脈。這段約1.5公里的道路兩旁滿滿都是百貨公司、大型購物商場、觀光飯店、各大品牌旗艦店、流行商品專賣店、各國美食餐廳等。

來明洞，除了考察韓國最新流行風潮外，也可觀摩業者的展示

明洞的特色在於它能夠滿足年輕族群對時尚的各種需求。要逛大型購物中心的話，這裡有樂天百貨和新世紀百貨，是韓國最大的百貨公司，也有Galleria百貨公司、現代百貨公司、美利萊（Migliore）和阿瓦塔（Avatar）、U2Zone等購物商城。另外，沿著明洞路兩側的巷弄則遍布無數的精品店，光是瀏覽這些大賣場、旗艦店和精品店，就足以得到最新的韓國流行情報。

如果時間夠的話，當然可以慢慢逛，但如果時間有限，那麼至少可以快速掃一遍百貨公司。另外我們也很建議深入明洞路兩旁的巷弄，裡頭數不清的

1. 熱鬧的明洞一角。
2. SWAROVSKI水晶旗艦店。
3. 明洞是韓國流行時尚的勝地

精品店會隨著季節變化與最新的流行趨勢，引進最新的商品，很值得批貨客在挑選新商品時觀摩學習。如此一來，心理至少對這一波首爾的流行趨勢有底，接下來到東大門及南大門批貨時，才不會浪費時間。

　　明洞還有一個特色就是逛街的人，就像在台北東區、西門町和高雄的新堀江，每個城市最引領時尚潮流的地方，自然會聚集一群型男美女。在明洞除了帝街之外，欣賞一個個讓人眼睛一亮，活像從櫥窗走出來的型人，也是非常好的時尚觀察方法。

樂天百貨

　　樂天百貨是明洞的地標，可説當之無愧，它也是韓國百貨業的龍頭。在明洞有兩座樂天百貨，一個是走高檔路線，裡頭都是LV、GUCCI、CHANEL等全球知名品牌，這和台灣的SOGO、新光三越沒有太多差別；另一個流行館的風格就比較young，像ZARA、ROOT，以及韓國本土的品牌都可以在這個館看到。

ZARA在明洞的旗艦店

原本是明洞衣類，現在已經改成日本品牌UNI QLO

還有更多品牌值得一逛，像位在地鐵4號線明洞站6號出口附近明洞路上的ZARA，雖然進口商品在韓國的價格較貴，但值得去看看ZARA的產品風格。

如果喜歡GAP風格的賣家，明洞也有who.a.u.及Basic House等風格比較接近的名店可逛。另外，ASK、EXR也都是在韓國頗具名氣的品牌。

還有日本的UNIQLO也在2007年進駐明洞。它的位置就在明洞過去頗有名氣的明洞衣類原址，而且四層樓都是UNIQLO，可逛的盡興。這個可說是服裝界的無印良品的UNIQLO，也是許多日本年輕人的最愛，現在UNIQLO不只在明洞有專門店，連新村也有了。

除了這些大品牌的名店之外，明洞還有許多韓國的本土經典品牌，像SPAI與VERONA即是。SPAI是從服飾起家的，隨著品牌越來越受年輕人歡迎，商品線也從服飾擴展到鞋類、包包和各種流行小商品。VERONA則是以女性服飾、皮件、鞋類起家，它們都已成為代表韓國年輕本土時尚的代名詞之一，如果去到明洞，自然也要看看這些代表韓國本土流行風潮的品牌。

ROSEMARY則是韓國的T-shirt品牌，是韓國美眉很喜歡的牌子，T-shirt又是非常好搭配的單品，如果想要了解第一手的韓風T-shirt，建議一定要去逛逛這家店。

保養美容用品的一級戰區

　　有些美眉認為到韓國一定要採購美妝保養品。的確，美系美妝品感覺偏輕熟女以上，韓國的美妝保養品則是給年輕美眉專用，去到明洞別太擔心會找不到The Face Shop、Skin Food、Missha、Laneige、Beauty Credit、Candy Shop等

明洞到處都是品牌名店

能在明洞開店的都是叫得出名號的品牌

台灣看得到的美妝品牌，因為在明洞
就聚集了二十多家美妝保養品品牌，
這些美妝保養品在韓國售價大約是台
灣的6～8折，真的是要看運氣和地
點。大多數去首爾自由行的美眉都會
採購一大堆戰利品，但想跑美妝保養
品的單幫不太可能有賺頭，所以也許
採買些在台灣沒有進口的品牌，當成
伴手禮或給VIP顧客的贈品，算是不
錯的選擇。

1. 明洞的路邊攤商會依季節賣不同的商品
2. 明洞的路邊攤商，只要產品好，也會吸引消
   費者
3. 韓國時尚名牌BEAN POLE的旗艦店
4. 這家是明洞最有名的粥品店

韓國的汗蒸幕是很普遍的休閒場所，批貨
累了，去汗蒸幕「蒸」一下，可消除疲勞

1. 明洞的步行區也有各種攤商
2. 小吃攤也是明洞的特色之一
3. 非常有特色的明洞櫥窗

4. 不少台灣人都會到這家粥品店吃一碗粥
5. 明洞賣飾品的攤商館
6. 到首爾批貨，一定要到明洞看看

首爾批貨

東大門

Dongdaemun

服飾零售批發的一級戰區

　　說起東大門市場，雖然歷史沒有南大門市場悠久，但東大門卻是韓國，甚至可說是東北亞最具代表性的零售批發市場之一。

　　東大門市場的歷史可回溯到1905年露天廣場成立之時，後來規模逐漸擴大，現在東大門市場約有30個商場，3萬多家店家所組成，總使用面積比台北的五分埔要大上十幾倍！

　　廣東虎門、廣州吸引來自世界各地買家，首爾東大門也一樣。不只韓國各地的商家，中國、日本、東南亞、東歐、非洲和中南美洲的批貨客無不齊聚東大門，很多西方人用我們聽不懂的母語溝通，接著則用生硬的英語和店員殺價。

U:US 是大部分批貨客到東大門會逛的第一家批發商場

　　其實百年歷史的東大門什麼都有賣，不同的賣場專營不同的商品批發零售。所以，在東大門可以找得到服裝、傢飾品、餐具、寢具、陶瓷、文具、各式器皿、鞋類、體育用品、手工藝品及韓服等。

　　從一九九〇年代開始，一棟又一棟高聳入雲的時裝賣場開始在東大門出現，像是鬥山塔（Doosan Tower），Migliore等在當時開張後，東大門的轉型工程正式開始。這十幾年來，東大門市場以其相對低價與不錯的品質，以及距離東京這個亞洲時尚中心一個多小時航程，都是東大門能快速崛起的原因。

東大門的地標鬥山塔

119

東大門第二區的apM
服飾較適合年輕族群
消費者

華燈初上，遠眺燈火通明的apM，正是批貨的最佳時刻

1. 協助幫忙送貨的摩托車大叔
2. 東大門旁的店家
3. 路旁都是批好待運的貨
4. 這些都是準備要送回目的地的貨
5. 韓國各地商家都利用晚上到首爾東大門批貨回去，隔天就可上架

當初首爾市政府會讓東大門市場集中火力在服裝產業,不是沒有原因的。歷經多年的演變,東大門市場早已成為一條緊密連結的服裝產業鏈,在這裡有眾多的布料商和配件商,以及製造工廠。

除此之外,隨著製造廠逐漸移往中國,東大門市場快速調整產業鏈。新生代服裝設計師開始嶄露頭角,他們見過巴黎、米蘭等世界級服裝設計市場的世面,為韓國服裝界引進新的概念。歷經幾年的轉型,從市場調查、設計、採購物料到生產,形成一個以東大門為核心的緊密跨國服裝產業鏈。

韓國的流行服飾有著低調的時尚風格

批完一層,再往上一層

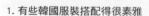

1. 有些韓國服裝搭配得很素雅
2. 這些批發商的裝潢搭配有台北精品
   店的味道
3. 休閒裝
4. 韓國服飾做工質感都很優

韓國服飾款式與流行路線繁
多，每家廠商都可找到自己
需要的服飾

比較大眾化的批發商場

1. 開始批貨囉
2. 店家開始填單子
3. 批完記得要核對批貨內容

4. 品質很不錯的童裝批發店家
5. 只要產品好，批回台灣不怕賣不掉
6. 另一家童裝批發店家

T-Shirt也是很好賣的商品

批發店家的裝飾也很有型

人潮洶湧的東大門批發商場
夜晚的U:US擠滿了各地前來批貨的人潮
熱鬧滾滾的東大門二區批發商場

4. 用簡單的英語還是可殺價的
5. 東大門批發商場一景，地上都是等待貨運大
   哥的貨
6. 東大門批發商場很多店家都雇用帥哥店員喔

1. 東大門批發商場的售貨美眉都很漂亮喔
2. 東大門批發商場的店家都願意砸錢裝潢
3. 東大門二區的另一家批發商場OT
4. 首爾的批發商家都把店面布置得很整齊
5. OT內的批發店家
6. OT內的另一家批發店家

滿場的走道上堆滿了各地批貨客批好的商品，　　就這樣堆在電扶梯口，也不怕有人順手牽羊
且不必擔心被偷

背著大包批貨袋的年輕韓國批貨客

東大門也有鞋類批發店家，如果專做鞋業
的話，也可到東大門看看

批完一家，加緊腳步再看下一家

鞋類的品質與價格是不是適合批回台灣，就看個人考量了

東大門第一購物區──以零售為主

東大門市場可分成兩區，第一區是以零售為主，第二區包含被拆掉的東大門體育場附近的商場，以批發為主，兼作零售。兩區以一條大馬路隔開。

第一購物區以鬥山塔（Doosan Tower），美利萊（Migliore）、Hello apM流行商場三區為核心，遠遠望去，這三棟大樓就連在一起，形成一個壯觀龐大的購物中心，只要到東大門一定看得到它們。

鬥山塔樓高34層樓，低樓層是商場，高樓層則是辦公大樓。商場總共聚集了兩千多家店面，加上鬥山塔的獨特造型，使它成為東大門市場的地標，也是最具代表性的商場之一。

因為這裡以零售為主，整棟大樓有各種軟硬體設施，整體感覺也比較像是百貨公司。

大廈外頭還有露天廣場，到晚上，廠商常在廣場上舉辦各種活動吸引人潮。韓國的年輕人本來就常跑鬥山塔採購新裝，現在大樓內還播放韓、英、日、中四種語言廣播，則是因應日益增加的國際觀光客。

令人一眼難忘的鬥山塔大樓，你永遠不會錯過它的

133

　　美利萊（Migliore）流行商場的主要客群集中在十幾歲的青少年，為此，商品極具年輕特色。

　　至於Hello apM流行商場除第一區之外，第二區也有專營批發的Hello apM流行商場。一般來說，三家商場的服飾風格各有擁護者，講哪一家好或不好，都會引起不必要的口水戰，所以請大家自己去了之後眼見為憑囉。

美利萊的服飾商品非常年輕化

apM的服飾也有其特色，端看自己商店的定位需求批貨

東大門第二購物區──以批發為主

　　從第一區往馬路的另一頭望去，在被拆掉的東大門體育場後方的那一區，就是以批發為主的第二區。第二區是越夜越美麗的批發聖地，每天晚上過10點以後，為數眾多的人潮開始出現，就這樣一直到早上5、6點，人潮才逐漸散去。據當地人說，這是因為韓國各地的商家大多等到結束營業後才出發到首爾東大門，搭幾小時的巴士到東大門後就開始批貨，一直批到東方魚肚白，才帶著所有商品回家去，這樣可省下一晚的住宿費用。長久以往，當越來越多批貨客以這樣的方式批貨，逐漸形成晚上批貨的奇特景觀。這和廣州或虎門批發商場不同之處，在於大陸的幅員與交通和韓國截然不同，因此大多數批貨客會選擇搭夜車，一早到達廣州或虎門開始批貨，然後再搭5、6點的巴士回家。

　　本區主要涵蓋了U:US、Designer's Club、美利萊、Area6、Valley、Nuzzon、EAM204、Hello apM、第一平和、興仁市場等。其中又以Designer's Club、美利萊、Valley、Nuzzon、Hello apM的服飾比較適合年輕族群。

東大門第二區的第一平和屬商品單價較低的批發商場，Nuzzon商場值得一逛

U:US因為占地利之便，每晚總是吸引許多批貨客到此一遊

U:US

從地理位置上來看，從東大門第一區過馬路進入第二區後，看到的第一棟建築就是U:US，由於地利之便，讓它成為大部分批貨客會逛的第一家批發商場。

從外觀上看，U:US不僅大，外觀也設計得很明亮，尤其在晚上更是明顯，當夜幕低垂，任何人都不會沒注意到U:US的。

U:US的展售樓層主要集中在1～3樓，雖然賣場樓層不是很多，但由於U:US很大，所以還是很有得逛的。其中1樓的商家經營很多樣化，有流行女裝、飾品、包包、幾家帽店，商品品質算不錯的。

至於價格，通常只要讓U:US的商家知道你是來批發的，基本上他們並不會亂開價。逛完1樓後，建議一定要上2樓看看。因為如果妳常到五分埔拿貨的話，一定不會對2樓的服裝感到陌生。這裡很多商品都是在五分埔店家常見的，可説是五分埔中盤商最愛的，所以很多服飾商品都會有似曾相似的感覺，以前還常聽到團員説前幾天在五分埔訂了多少貨，在U:US看到的批發價只有五分埔的一半。

至於U:US的3樓則是韓風味很濃的男裝區，對於想找男裝的批貨客是個好去處。它的特色是一整個樓層中，每個商鋪的男裝風格都不相同，但重點是都很有個別的特色。對於本來就較少的男裝批發市場來看，我們非常建議想做男裝的批貨客，一定要來這邊細細看。

Chapter 9 「首爾批貨東大門商圈」

Designer's Club

從U:US往外望，就可以看到東大門第二區另一家很有名的批發商場：Designer's Club。

Designer's Club的商品線從少淑女一直到輕熟女都有，不過商場的整體感覺還是偏年輕化的。它的營業樓層從地下1、2樓一直到地上5樓。如果時間夠的話，可以慢慢逛。

Designer's Club的特色是每家商品都豐富到不行，真的是逛都逛不完。我們先看B1（地下1樓）的商品，會發現這一層樓的女裝比較走輕禮服、晚裝類路線，這類的服裝穿起來很高檔，不管是參加較正式的聚會，上班族下班後參加聚餐，或喜愛跑趴的美眉，在這裡都有適合的服裝。

另外，我們在電視節目、時尚雜誌上看到的明星或社交名媛穿著的服裝，有很多都是造型師從這裡挖寶的。雖然整棟Designer's Club只有B1商家批發這類的服裝，但就已經讓你逛到不行了。

B2（地下2樓）則可以配件區來形容，因為這裡有飾品、包包、皮件、皮帶、帽子、圍巾、手錶等商品，有很多人光是在一家飾品店就逛上2、3個小時。

這一層商家的商品品質也都挺不錯，而且好處是他們都會先將各種商品精選過後再做整體展示，因此有點像一些明洞的精品店一樣，已經將商品做過一輪的精選與搭配，因此相較之下算是滿省時省事的。如果沒有時間跑南大門批貨的批貨客，我們倒是很建議到這裡採購，主要是因為南大門的飾品批發商，在產品經營上的分工很精細，賣項鍊的就專賣項鍊，賣耳環就專賣耳環。

如果你不是專做飾品的批貨客，又想跑去南大門找飾品的話，時間上反而很划不來。因此，如果只是想尋找一些可以和自己的服裝搭配，增加商品價值感的話，倒是可以在這裡直接依照自己批到的服裝，選擇適合的飾品搭配。

　而且到首爾批貨的好處之一是，韓國批發商的商品重複性不高。因此，不用太擔心今天在東大門批了，明天會在南大門看到類似的商品。

　至於地上1到5樓都是女裝商家，據現場批貨觀察，現場的商品也有不少少叔女款式，不過大多偏休閒路線，不知道是否是今年的商家對休閒路線很有把握，因為比例實在有點高，走5家店就有3家的服裝偏休閒風。但即便如此，如果是經營輕熟女路線的批貨客還是可以到Designer's Club淘寶。

說實在的，要不是那小小一排英文字，還真不知道已經到了Designer's Club

204

如果到東大門想要批鞋類的話，那我們建議到Designer's Club旁邊的204逛逛。

204以鞋類批發為主，它的展示樓層只有1到2樓，3樓以上都是廠商辦公室，也就是說，只有要下單的人才會到3樓以上的辦公室直接和廠商洽談下單事宜。

韓國的人工價格也不比台灣低，因此在這裡看到的鞋類大多委由中國工廠製造，只要翻開鞋底一看，可以看到「Made in China」的字樣。這麼明顯的標示，也使得東大門的韓國店家不需要否認，他們都大方承認這些鞋類都是中國製造。但通常他們還會特別強調，他們店裡的商品都是韓國設計，委由中國工廠OEM代工的。令人好奇的是，我們每個月都要跑韓國和廣東的批發商場，還真的幾乎看不到在204出現的韓國鞋款。

如果仔細看，會發現這些鞋款的皮質和做工真的和廣東工廠生產的有差，而且價格也只比廣東的同類商品貴一些。如果在廣東找不到的鞋款，或走的是精品路線的商家，那我們挺建議到204看看。

不過，我們也發現，在204商場的建築物外圍還圍著一圈攤商，其實有些批發店家即使在204內已經有店面，他們還會在204的建築物外圍擺攤，實在是生意難做，在外面擺攤就是希望能多拉些客戶。

204以鞋類批發為主，想批鞋的話，這裡有較多商品可挑選

OT

在204的斜對街是OT批發商場，其實不只OT，包括另一家批發商場「清平和」，有一半的商品都是從中國過來的。不過好處是，這裡的店家也不會胡謅，他們就是很老實地告訴前來批貨的客人，他們的商品來自中國。

OT有90%都是女裝，而這裡的商品價格相對低一些，如果就價格與品質來看，C/P值是還OK的，布料可能會用比較低檔一點的，但車工還在水準之上。

OT主要的批發樓層為1～4層，不過還是以1～3樓為主。OT的1到3樓，每個店家都有不同的服裝與裝潢風格，逛起來很不錯。如果是開實體店面的話，倒可從中觀摩他們是怎樣裝潢布置。

這裡的服裝價格算很合理，也可說很價廉的，它的價格帶會比一區的Hello apM再低一些，多半在1萬多韓圜上下，因此如果仔細逛，常常有不少收穫喔。

4樓只剩下一家占了半個樓層的批發商在經營，這家批發商占地廣，產品線也廣，從休閒服、淑女裝、ＯＬ上班族服裝到輕禮服都有，批發價格也很便宜。

地下1樓則有些玩具類雜貨與飾品店家，這些貨以大陸製居多，飾品價格也偏高，坦白說我們並不推薦到地下1樓批貨，因為這裡的商品，別的商場也批得到。

另外，要注意的是，ＯＴ的營業時間是從凌晨12點開始，所以我們建議晚上開始批貨時，先去其他商場看貨，等時間到之後再去ＯＴ批貨。

OT裡面有90%都是女裝

OT的側面

OT的樓層圖，有簡體中文字可供辨識

Union 30

　　在二區靠近青溪川，有一棟叫Union 30的批發商場，雖然樓高13層，但只有1到2樓值得一逛，3樓以上就不建議花時間去逛了，因為並沒有特別值得一看。

　　1樓都是服飾類商品，店家中又以少女類的服飾比較多，至於2樓則因為可能比較難走上去吧，所以會留在2樓商家走的多半是比較歐巴桑路線。

Union 30的入口有英文的樓層說明

如果沒有太多時間的話，Union 30只要
逛一樓就夠了

AREA 6

　　在U:US斜對角的是AREA 6，由於距離近，也是很多批貨客常逛的點。這裡走的是大尺碼和熟女路線，雖然說每個批發商場多少都會有熟女之類的店家，不過就屬AREA 6最齊全，因此如果專做這個市場的批貨客，一定要過來看看。

Area 6是大尺碼服飾的大本營

ZAPA

　　從Designer's Club旁邊的巷子走進去，就會看到一家2009年4月才開張，不是很大，走小巧精緻路線的ZAPA。商場裝潢很年輕化，商品也以圍巾、項鍊、項鍊、帽子、皮帶等雜貨、飾品、配件為主。

　　特別是皮帶、配件等商品種類繁多，選擇性很高，如果對這兩類商品有興趣的話，可以多花些時間在這裡挑選。

清平和市場

　　清平和市場算是東大門最晚開市的賣場，營業時間是從凌晨12點半到中午12點，因為像U:US、amP都是凌晨4點打烊。所以，我們建議可以把清平和市場放在行程的最後。

　　清平和市場從地下室開始往上到5樓都是商場，服裝、飾品、包包都可以在這裡找到，不過這裡以大陸進口的商品占絕大多數。許多批貨客一開始到別的商場批貨後，再來到清平和市場批貨，就覺得這裡的批發價很便宜。如果沒有打算去廣東或義烏批貨的人，我們建議乾脆

Chapter 9 ｜「首爾批貨東大門商圈」

來清平和市場批貨，等於一趟機票錢就可以跑兩個國家批貨。如果跑完前面的行程，清平和市場還沒開門營業的話，也可以到旁邊的麵攤吃碗熱騰騰的拉麵填填肚子。

另外，在往清平和市場的路上也有一整排的批發攤位，這些批發攤位其實是批發商廈裡面的店舖。另外在外頭路邊擺攤，價格也和清平和市場一樣低廉，選擇也多，經過時別忘了也順道逛一逛。

來到首爾批貨，順道逛一下東大門清平和，
等於一趟機票錢順道跑了義烏批貨

Namdaemun

南大門

首爾批貨

飾品、童裝、南北貨的天堂

　　說起首爾最有名的地標，南大門應該是屬一屬二吧。南大門，也就是崇禮門，它成立在朝鮮王朝建立後不久的1395年，算是保留至今最古老的木造古蹟，可惜在2008年初被人縱火燒毀，之後看到的將會是改建後的崇禮門。

　　隨著南大門的建成，南大門市場在20年後，也就是1414年開始成型，這裡原本是官府物資的供應場所，後來民間商業活動慢慢加入，逐漸演化成一個規模極大的批發市場，已經有500多年的歷史，在南大門可看到迥異於明洞與東大門的氣息，可說是最貼近韓國人日常生活的批發商場了。

南大門6號入口

　　南大門的批發商場很多樣化，除了飾品、童裝及服裝之外，還有各種南北貨或用品，這裡除了批發外，也兼作零售。台灣很多賣韓國食品或罐頭的韓國店，他們的人蔘、海苔、紫菜、香菇、柚子茶等，幾乎都是在南大門批的。日本觀光客則特別喜歡買人蔘、紫菜和泡菜回日本。

南大門有一條眼鏡街，現在也有台灣人到這裡批一些鏡框回去網拍

南大門也有服裝批發商，但普遍認為屬於年齡層較高的商品

南大門眼鏡店，還特別標明「日本人特別優待」，大概是因為日本配眼鏡很貴

南大門和台灣的市場很像

拜練習曲的自行車熱，越來越多台灣人來南大　到南大門，肯定可以批到各種人蔘
門批運動相關用品

南大門的相機街，等同台北的漢博區

1. 在南大門路邊賣透氣枕頭的大叔，很像台灣的綠豆殼枕頭
2. 南大門地鐵站出入口
3. 南大門也有很多這種玩具，不過這些玩具有可能來自中國廣東
4. 熱鬧的南大門市場2號入口
5. 其實如果仔細挑選，南大門還是有可能挑到一些好貨
6. 南大門市場5號出口

1. 某種程度來看，南大門市場也有點像台灣各地後火車站的批發街

2. 又是人蔘店，上面還寫著免稅，購買後應該是可以在仁川國際機場辦理退稅

3. 很多台灣人都喜歡來南大門買些地方特產

4. 這家店銷售各種商品，請注意看招牌上還有中華民國國旗

1. 顯然大家對人蔘商品充滿了興趣
2. 這些人蔘專賣店當然也有賣新鮮的人蔘
3. 南大門市場特產店又一景
4. 除了柚子茶之外,也有很多奇奇怪怪的地方特產

除了這些南北貨、罐頭等食品之外，南大門也有飾品、眼鏡、鐘錶、相機、家居用品、日常雜貨、廚具用品的批發商場。有這麼多的批發商場，可見南大門市場有多大了。

很多去過南大門的台灣人都說，最好先去拿張地圖再去南大門，否則很容易就迷路了。很多人以為南大門市場的入口一定要從崇禮門方向的1號入口進去，其實南大門市場總共有8個入口，崇禮門是1號入口，地鐵4號線「會賢站」的5號出口一出來，就是南大門市場的6號出口；同樣「會賢站」的6號出口的左前方也是南大門市場的4號出口。

我們比較建議從6號出口進南大門市場，這樣逛起來比較有方向感，否則第一次去南大門確實容易迷路。如果逛完東大門，想去南大門批貨的話，建議搭地鐵4號線（藍線）到會賢站，然後走5號出口出來，這樣就可以從6號出口進南大門市場了。

1. 手錶批發店家
2. 好多手錶等著識貨人帶回去
3. 看到喜歡的手錶就談價格吧

南大門市場由好幾棟大型綜合商廈組合成龐大的市場，其中比較大也比較有名的商廈有崇禮門進口商廈、D洞大都綜合商廈、E洞大都綜合商廈、大都Market、大都Arcade、南大門商廈、C洞中央商廈等。不過，南大門市場的建築很多都沒有名字，而是以阿拉伯數字和英文字母來辨識，因此以下所提到的批貨商場時，請核對附上的南大門市場地圖，上面有很清楚標示每棟建築的編號。

南大門很多商家都是自產自銷，像一些飾品批發商，他們自己在南大門的上游廠商拿零配件，然後自己組裝銷售。由於設計、生產都一手包辦，商品種類多樣化，不容易撞貨，而且價格也同樣多樣化。

韓國的皮帶質感也滿不錯的

崇禮門進口商廈、大都綜合商廈

　　想要批發飾品的人一定要到南大門市場，其中又以崇禮門進口商廈和大都
綜合商廈E棟有較多飾品商家。

　　從崇禮門的1號入口走進去，右手邊的第一棟大樓就是崇禮門進口商廈。這
裡的1、2、3樓是飾品批發區，不管是項鍊、耳環、手鍊、戒指，甚至手錶都
可在此買到，而且崇禮進口商廈最特別的地方就是剛剛所說的，4、5、6樓是
飾品零件批發區（其實和廣州西郊大廈一樣，樓下是飾品批發區，5樓是飾品
零件批發區）。任何你想要的飾品都可以在這裡批到，因此很多台灣飾品批發

南大門的飾品批發商場商品多，樣式也新，想批飾品的人可到南大門逛逛

商也會到這裡找貨源,而且你也可以依這裡飾品商家現有的樣本修改不同的材質,像改成白K金或黃K金,只要有一定的數量,商家都可以為你量身訂製喔。

除了崇禮門進口商廈之外,10、11、4、5棟也都有賣飾品。但4棟已重新裝潢,外觀較新,但店鋪並不多,飾品的店鋪主要還是集中在10、11兩棟。

南大門的飾品賣場中,除銀飾品外,還有半寶石飾品、水晶飾品。這些飾品分為成品和半成品,半成品指的是像是墜子與項鍊分開批發,這樣批貨客比較有選擇,而且不像廣州的泰康城只有少數的檔口做這樣的服務。南大門的飾

品批發商場中，非常多的店舖都提供這樣的服務，而且飾品品質不錯。如果到了南大門，不管是營業主力是飾品或是需要飾品做搭配，我們建議一定要去10、11棟跑一趟。

另外，大都綜合商廈E棟除了很多飾品商家之外，還有很多批發家居用品的商家。這些家居用品或裝飾品的風格非常多樣化，除了台灣常見的美式居家裝飾品之外，還有很多是歐洲或英國居家裝飾品。這些仿西方國家居家用品或裝飾品，都是韓國商家自家工廠生產的，品質很不錯，價格又沒有日本同類商品高，很多台灣賣生活雜貨的店都是在大都綜合商廈E棟進貨。

如果喜歡把自己的店面裝飾得很鄉村風，建議大家到了南大門市場後，記得一定要到大都綜合商廈來看看韓國居家飾品的手藝和風格，非常值得一逛喔。另外，想要批發手工布製品的人也可以到南大門市場G洞找找看，這裡也有不少專門批發童裝商家。

除此之外，南大門市場也有一條專門批發鏡框和鐘錶的街。這裡有一棟叫Silver Town的商廈，一樓是鐘錶專賣，不過2、3樓也是專營飾品批發。

南大門市場的飾品店舖，每家批貨的條件都不盡相同，有的是一款要3個，有的則是一款要5個才給批貨價格。不過根據我們批了好多次的經驗，通常南大門飾品店舖的價格是台灣批價的1/3，甚至有些還到1/10，價格算是很優惠了，而且好不容易出國一趟，其實一款拿3個也不算是很大的負擔。

童裝和飾品

　　來到南大門市場還有一樣不能不逛的商品，那就是童裝。南大門的童裝區集中在G、F兩棟商場大樓。南大門市場的童裝真的是沒話說，真的都是超級卡娃依，很多不做童裝生意的批貨客來到南大門市場也會買一些童裝帶回去，自用或送禮兩相宜。

　　不過，韓國童裝的價格稍高，下手前，最好先算算看批回去的售價，真的OK再批。很多五分埔的中盤商都在這裡採購樣品，然後再送去大陸大量生產，這樣說懂了吧，想如法炮製的也可以參考這種做法。

　　可愛的童裝當然也要有可愛的飾品搭配，南大門市場當然也有這類的飾品批發商。如果賣童裝的店家，當然不能錯過這類的童裝飾品，有時候，家長是衝著這些可愛到不行的飾品被吸引進店裡的喔。

南北雜貨

南大門除了飾品和童裝之外，各式雜貨也都是以南大門為批發基地，不過這些雜貨商品大多數都是從中國來的，要批貨前可先看看品質，再決定要不要批回台灣。

另外，在編號4、5、6棟的商場裡，也有專門批發飾品的展示道具與各式包裝盒，品質也都還不錯。如果不想回台灣再到處找這些道具或包裝盒的話，也可以在這裡一次購足。

南大門的飾品批發商場分類很清楚

Chapter 10 | 「首爾批貨南大門商圈」

不論小玩偶或飾品，都能在南大門找到適合的商品

首爾批貨疑難雜症 FAQ

　　大多數人出國以跟團旅遊居多，如果要自己為了事業離開台灣，到一個文字、語言完全不通的地方，其實心裡還是會有很多恐慌與障礙的，到首爾批貨就是這種情況。而且除了食衣住行之外，還有很多問題是不容易歸類到上述各章節中的，為此，我們特地將這些問題整理出來並列舉如下。

 如果要跑首爾批貨的話，一趟的行程應該要幾天才剛剛好？多久跑一趟首爾批貨才夠呢？

　　首爾批貨行程牽涉到首爾批貨商場的營業時間，不像大陸的批發商場日出而作，日落而息。首爾的批貨商場是典型的「夜總會」，越夜越熱鬧。另外，國際機票也是越晚越便宜，這樣算起來，搭下午班機出發，到首爾市區休息一下之後就可以馬上去批貨，時間與成本上較划算。因此，第1天晚上加上第2天晚上用來批貨，第3天早上搭機回台北，足足兩個晚上的批貨行程應該是夠了。

　　沒有跑過這種批貨行程的人，通常第一次下來，回到台北都會睡個一整天，因為批貨行程都是在晚上，違反一般人的生理時鐘，因此如果把行程拉到4天，連續熬夜3個晚上，說實在的，那真的會太累。因此，3天的批貨行程應該是滿剛好的。

　　至於多久跑一趟首爾批貨呢？這真恐怕因人而異。由於飛一趟首爾，從機票、住宿、飲食、韓國國內交通，每一樣都要錢，而且一開始也不可能把所有的貨源都移轉到首爾。但反過來想，批貨商

場每星期，甚至每天都會有新商品推出，太久沒去，也會和市場脫節。因此一開始每個月跑一趟，算起來是在掌握流行與控制成本之間的平衡點。

不過，由於每趟飛首爾批貨的時間都很短，為了提高批貨效率，我們建議頭幾次去首爾時，一定要加倍努力看貨，記下每一家你喜歡的檔口，他們的特色是什麼？他們專作哪一類的服裝？是哪一類風格的？大致的價錢？記錄店名、電話、傳真號碼，把這些資料蒐集好，廠商資料越清楚越好。

首爾批貨之疑難雜症FAQ

Q 去首爾批貨，能夠用信用卡嗎？如果只能帶現金去，會不會很危險？

A 去首爾批貨，信用卡是沒有用的，因為一切都要用現金交易。其實這很正常，這種國際性的批貨商場，客商來自世界各地，批發店家為了避免不必要的風險，當然不願意收信用卡，而收現金是最保險的。至於偽鈔問題，在韓國似乎很少見，有可能是因為韓國對偽鈔犯罪的處罰極重，所以這個問題不用太擔心。

不過，因為在韓國街頭就能換韓圜，所以大家可能會擔心帶美元或韓圜現鈔過去會不會危險。其實，到任何地方只要秉持「財不露白」的最高指導原則，就不用太擔心，因為首爾的市區治安確實算不錯。但還是奉勸去首爾批貨還是不要太白目，小心駛得萬年船。

另外，要告訴大家一個好消息，以前韓圜最大面值只到1萬元，每次批完貨付款時，一拿出來就是厚厚一疊，攜帶很不方便。現在已經有面值5萬韓圜的鈔票了，等於同樣的金額，厚度只有以前的1/5，是帶現金到首爾批貨創業者的福音。

Q 去首爾批完貨，最後可以在機場退稅嗎？

 A 　很抱歉，答案是不能退稅。原因是首爾批貨商場的店家是不會開發票給你的，所以到機場是不能退稅的。如果想說去首爾批貨可經由機場退稅而降低一些成本的人，我建議再考慮考慮，不見得一定要跑首爾。

 Q 如果去首爾批貨，行李和批到的貨品要放在哪裡呢？

 A 　如果去首爾批貨的行程為3天，晚去早回的班機，有時候到第2天，就有人在中午過後退房，因為反正第2天晚上批完後，乾脆第3天清晨直接到機場，就等於3天行程中只住第1晚，第2晚的飯店費用就省下來了，但這時候就會發現，行李和第1天批來的貨要放哪裡呢？

　其實大多數酒店的櫃台邊，都有一小塊地方可以讓我們暫時擺放行李，只要說一聲，基本上酒店是不會拒絕的。所以如果真的是體力過人，第1天入住酒店之外，第2天中午check out之後，就可以把行李和批貨放在酒店櫃台邊，然後去吃飯，到明洞或其他時尚重鎮逛逛，晚上後就又開始批貨活動。一直批到隔天凌晨4點，然後再回酒店整理所有的貨，早上6、7點就可以準備啟程出發到機場搭機返台了。

在首爾，不懂韓語，食衣住行真的沒問題嗎？

 　　其實除了預算與成本之外，這大概是許多想去首爾批貨，卻又遲遲不敢行動的人跨不出第一步的主因之一。雖然說韓國人的英語普遍也不好，但3天批貨的行程中，出了機場之後，大多是在首爾的幾個批貨區和酒店之間跑來跑去，而且批貨區都有地鐵經過，因此在交通方面，大多可靠地鐵完成。但如果到半夜地鐵停止營運之後，得坐計程車才能回到酒店的話，最好第一天到酒店check-in時，切記一定要跟酒店櫃台拿名片，這樣即使語言不通，也可以將名片遞給運將看，自然解決語言不通的問題。

　　還有，首爾的模範計程車是黑色的，照理說，黑色計程車的司機都懂一點英語。不過呢，根據實際經驗，其實也不是那麼一定，還是有黑色計程車司機不會講英語。而且黑色模範計程車的車資比銀色，也就是普通計程車要貴不少。所以與其如此，反正有酒店名片，搭銀色計程車就可以了，還可省下不少計程車資。

　　另外，在飲食方面，也不用太擔心，首爾各種餐廳的菜單上頭都印有各種菜色的照片，這樣也可解決看不懂韓文的問題。而且很多大陸東北朝鮮族的大媽都在餐廳打工，他們都會說普通話（國語），基本上溝通也不再是問題。

在首爾批到的服飾都有領標、水洗標嗎？

　　大多數在首爾批貨商場的服飾都會有領標及水洗標，上面也會有 Made in Korea的字樣，台灣消費者對韓貨似乎情有獨鍾，大概是覺得大陸貨品質有疑慮，而日本貨太貴又買不下手，韓貨則介於兩者之間。

　　但也不是所有在首爾批貨商場的服飾都會有領標及水洗標，還是有一些商品是沒有任何標籤的。這時候，在東大門AREA6的1樓也有廣東虎門的那種服飾配套服務，這裡有些小店也提供同樣的領標、水洗標，如果有需要，也可在此地購買，台灣有很多家庭式修改衣服或是繡學號的店家，請他們把你要的領標車上去。

在首爾拿到的一定都是韓國貨嗎？

 韓國店家還算誠實，像我們去批貨時，如果商品是Made in China，老闆大多會告訴你，當然價格就比正版韓貨要低不少。我們有次去批貨，老闆還一直用簡單的英語對我們說：「Made in China OK?」意思是，「這些貨是中國製的，確定要買喔？」所以如果你認為到首爾批貨就一定要買到正版韓貨的話，也可以在現場問「Made in Korea?」做進一步確認。當然，你最好對商品的品質要有點概念，否則問了也是白搭。

如果護照在首爾掉了該怎麼辦？

 　　護照是你在國外的身分證明文件，為避免護照遺失產生的困擾，記得出發前一定要把護照內頁及機票（或電子機票）影印下來，並且不要和證件正本放在一起，萬一護照掉了，至少你還有一份可以證明身分的文件。機票方面則是要另外記下搭乘班機航空公司的當地辦公室電話，因為有可能要延後班機回去也說不定。

　　萬一真的在批發商場遺失護照的話，先向商場的櫃台或保全說明護照遺失，他們會協助尋找或廣播，畢竟他們也不喜歡讓這種事情被宣傳得很大，有傷商場的聲譽。

　　接著也需要到當地警察局登記報案，運氣好可能會有好心人撿到警察局去。最後則是到中華民國駐韓國代表處或駐韓台北代表部申請臨時護照，這樣就能平安回到台灣，只要回得來，下回又是一尾活龍啦。

駐韓國代表處
電話：(002-822)399-2780
緊急聯絡電話：(002-822)399-2767~68

駐韓台北代表部急難救助專線
電話：(02)399-2767
手機專線：002-82-112663981
地址：首爾市鍾路區世宗路211番地光化門大廈6樓

國家圖書館出版品預行編目資料

韓國批貨賺到翻／張志誠,邱綺瑩著.—初版
.—臺北市：早安財經文化,2010.10
面；　公分.—(生涯新智慧；23)

ISBN 978-986-6613-17-3(平裝)
1.　　商品採購 2.韓國

496.2　　　　　　　　　　　　　　98008980

023

韓國批貨賺到翻

生涯新智慧

作　　者／張志誠、邱綺瑩(Jessies)
攝　　影／莫內空間創意設計 王穩達(David)
內頁設計／陳昭麟
封面設計／木子花
責任編輯／廖秀凌
行銷企畫／陳威豪、陳怡佳

發 行 人／沈雲驄
出版發行／早安財經文化有限公司
　　　　　台北市郵政30-178號信箱
　　　　　電話：(02) 2368-6840 傳真：(02) 2368-7115
　　　　　早安財經網站：http://www.morningnet.com.tw
　　　　　早安財經部落格：http://blog.udn.com/gmpress

　　　　　郵撥帳號／19708033 戶名：早安財經文化有限公司
　　　　　讀者服務專線：02-23686840
　　　　　服務時間：週一至週五 10:00~18:00
　　　　　24小時傳真服務：02-23687115
　　　　　讀者服務信箱：service@morningnet.com.tw

總 經 銷／大和書報圖書股份有限公司
電　　話／（02）8990-2588
製版印刷／漾格科技股份有限公司
初　　版／2010年11月
初版18刷／2015年01月

定價／280元
ISBN：978-986-6613-17-3 （平裝）

價值 NT 17,000 元

批貨服務

本書讀者專屬韓國、首爾採購、批發、創業達人服務折價券

憑本券可享以下之大陸、首爾採購批貨相關服務：

1. 單次大陸或韓國批貨商務團團費折抵新台幣2,000元。

2. 參加大陸或韓國批貨團團員，可享免費3次專人代採購服務（單次10萬元以上之代採購金額，可折抵5000元代採購服務費，3次共可節省15,000元）

3. 參加諾亞教育中心的《網店輕鬆入門課程》（原價新台幣3,800元）、《中國採購課程》（原價新台幣4,800元），或《韓國批發課程》（原價新台幣4,800元），可各折抵學費1,000元，詳情請洽（02）2247-5222。

填妥本券申請人聯絡資料，傳真至（02）2246-6506，由專人為您服務

姓名：_____

電話：_____ 手機：_____

e-mail：_____

想問Jessies的問題：_____

_____

_____

大陸採購、批發、創業達人Jessies

話：（02）2247-5222　傳真：（02）2246-6506　e-mail：jessies38@yahoo.com.tw　會員網址：jessies.3cc.cc

早安財經文化有限公司　收

台北郵政30-178號信箱
電話：(02)2368-6840
劃撥帳號：19708033　早安財經文化有限公司

請沿虛線對折後裝訂寄回，謝謝！